工程测量实训指导

邓明镜　主　编
刘国栋　徐金鸿　柯宏霞　副主编

人民交通出版社股份有限公司
China Communications Press Co.,Ltd.

内 容 提 要

本书是主要针对测绘专业的《普通测量学》《工程测量学》及非测绘专业的《工程测量》课程而编制的课间及集中实训指导。全书共有20个课间实训和期末集中实训的相关内容,读者可根据学时数选做其中的一些实训。

本书可供测绘专业和土建类相关专业学生学习测量相关课程实训时参考。

图书在版编目(CIP)数据

工程测量实训指导 / 邓明镜主编 . —北京:人民交通出版社股份有限公司,2016. 9

ISBN 978-7-114-13197-4

Ⅰ. ①工… Ⅱ. ①邓… Ⅲ. ①工程测量 Ⅳ. ①TB22

中国版本图书馆 CIP 数据核字(2016)第 161377 号

Gongcheng Celiang Shixun Zhidao

书　　名:工程测量实训指导
著 作 者:邓明镜
责任编辑:刘永芬
出版发行:人民交通出版社股份有限公司
地　　址:(100011)北京市朝阳区安定门外外馆斜街3号
网　　址:http://www.ccpcl .com.cn
销售电话:(010)59757973
总 经 销:人民交通出版社股份有限公司发行部
经　　销:各地新华书店
印　　刷:北京鑫正大印刷有限公司
开　　本:787×1092　1/16
印　　张:7
字　　数:152千
版　　次:2016年8月　第1版
印　　次:2021年8月　第4次印刷
书　　号:ISBN 978-7-114-13197-4
定　　价:18.00元

前　　言

工程测量是一门实践性很强的专业主干课，教学实训是工程测量教学中不可缺少的环节。在工程测量全部教学活动中，实训占有相当大的比重，它是培养学生动手能力和独立工作能力的主要途径。只有通过实训和对测量仪器的亲自操作，进行安置、观测、记录、计算、撰写实训报告等，才能真正掌握测量学课程的基本方法和基本技能。

工程测量实训包括课间实训和集中实训两部分，前者的时间安排较为分散（穿插在课堂教学之间），内容比较单一，侧重于学生动手能力的培养；后者的时间安排比较集中（安排在课堂教学内容全部结束后，一般规定三周左右的时间），各项作业内容融合一体，包含控制测量、大比例尺地形图的测绘等作业的全过程，是一次系统性、综合性的生产性质实训，主要培养学生独立工作的能力。

本书共分四大部分，分别是测量实训须知，课间实训，集中实训及习题集。全书由邓明镜主编和统稿，刘国栋、徐金鸿、柯宏霞参与编写了部分章节内容。由于编者水平有限，书中错漏之处在所难免，敬请各位读者批评指正，非常感谢！

编　者

2016年5月

目　　录

第一部分　测量实训须知

一、测量实训规定

(1)在实训之前,必须复习教材中的有关内容,认真仔细地预习本书,以明确目的,了解任务,熟悉实训步骤或实训过程,注意有关事项,并准备好所需文具用品。

(2)实训分小组进行,组长负责组织协调工作,办理所用仪器工具的借领和归还手续。

(3)实训应在规定的时间进行,不得无故缺席或迟到早退;应在指定的场地进行,不得擅自改变地点或离开现场。

(4)必须遵守本书列出的“测量仪器工具的借领与使用规则”和“测量记录与计算规则”。

(5)服从教师的指导,严格按照本书的要求认真、按时、独立地完成任务。每项实训都应取得合格的成果,提交书写工整、规范的实训报告或实训记录,经指导教师审阅同意后,才可交还仪器工具,结束工作。

(6)在实训过程中,还应遵守纪律,爱护现场的花草、树木和农作物,爱护周围的各种公共设施,任意砍折、踩踏或损坏者应予赔偿。

二、测量仪器工具的借领与使用规则

对测量仪器工具的正确使用、精心爱护和科学保养,是测量人员必须具备的素质和应该掌握的技能,也是保证测量成果质量、提高测量工作效率和延长仪器工具使用寿命的必要条件。在仪器工具的借领与使用中,必须严格遵守下列规定。

1.仪器工具的借领

(1)实训时凭学生证到仪器室办理借领手续,以小组为单位领取仪器工具。

(2)借领时应该当场清点检查:实物与清单是否相符;仪器工具及其附件是否齐全;背带及提手是否牢固;脚架是否完好等。如有缺损,可以补领或更换。

(3)离开借领地点之前,必须锁好仪器并捆扎好各种工具。搬运仪器工具时,必须轻取轻放,避免剧烈振动。

(4)借出仪器工具之后,不得与其他小组擅自调换或转借。

(5)实训结束,应及时收装仪器工具,送还借领处检查验收,办理归还手续。如有遗失或损坏,应写出书面报告说明情况,并按有关规定给予赔偿。

2.仪器的安置

(1)在三脚架安置稳妥之后,方可打开仪器箱。开箱前,应将仪器箱放在平稳处,严禁托在手上或抱在怀里。

(2)打开仪器箱之后,要看清并记住仪器在箱中的安放位置,避免以后装箱困难。

(3)提取仪器之前,应先松开制动螺旋,再用双手握住支架或基座,轻轻取出仪器放在三脚架上,保持一手握住仪器,一手拧连接螺旋,最后旋紧连接螺旋,使仪器与脚架连接牢固。

(4)装好仪器之后,注意随即关闭仪器箱盖,防止灰尘和湿气进入箱内。严禁坐在仪器箱上。

3.仪器的使用

(1)仪器安置之后,不论是否操作,必须有人看护,防止无关人员搬弄或行人、车辆碰撞。

(2)在打开物镜时或在观测过程中,如发现灰尘,可用镜头纸或软毛刷轻轻拂去,严禁用手指或手帕等物擦拭镜头,以免损坏镜头上的镀膜。观测结束后应及时套好镜盖。

(3)转动仪器时,应先松开制动螺旋,再平稳转动。使用微动螺旋时,应先旋紧制动螺旋。

(4)制动螺旋应松紧适度,微动螺旋和脚螺旋不要旋到顶端,使用各种螺旋时都应均匀用力,以免损伤螺纹。

(5)在野外使用仪器时,应该撑伞,严防日晒雨淋。

(6)在仪器发生故障时,应及时向指导教师报告,不得擅自处理。

4.仪器的搬迁

(1)在行走不便的地区迁站或远距离迁站时,必须将仪器装箱之后再搬迁。

(2)短距离迁站时,可将仪器连同脚架一起搬迁。其方法是:先取下垂球,检查并旋紧仪器连接螺旋,松开各制动螺旋使仪器保持初始位置(经纬仪望远镜物镜对向度盘中心,水准仪的水准器向上);再收拢三脚架,左手握住仪器基座或支架放在胸前,右手抱住脚架放在肋下,稳步行走。严禁斜扛仪器,以防碰摔。

(3)搬迁时,小组其他人员应协助观测员带走仪器箱和有关工具。

5.仪器的装箱

(1)每次使用仪器之后,应及时清除仪器上的灰尘及脚架上的泥土。

(2)仪器拆卸时,应先将仪器脚螺旋调至大致同高的位置,再一手扶住仪器,一手松开连接螺旋,双手取下仪器。

(3)仪器装箱时,应先松开各制动螺旋,使仪器就位正确,试关箱盖确认放妥后,再拧紧制动螺旋,然后关箱上锁。若合不上箱口,切不可强压箱盖,以防压坏仪器。

(4)清点所有附件和工具,防止遗失。

6.测量工具的使用

(1)钢尺的使用:应防止扭曲、打结和折断,防止行人踩踏或车辆碾压,尽量避免尺身着水。携尺前进时,应将尺身提起,不得沿地面拖行,以防损坏刻画。用完钢尺应擦净、涂油,以防生锈。

(2)皮尺的使用:应均匀用力拉伸,避免着水、车压。如果皮尺受潮,应及时晾干。

(3)各种标尺、花杆的使用:应注意防水、防潮,防止受横向压力,不能磨损尺面刻画的漆皮,不用时安放稳妥。塔尺的使用,还应注意接口处的正确连接,用后及时收尺。

(4)测图板的使用:应注意保护板面,不得乱写乱扎,不能施以重压。

(5)小件工具,如垂球、测钎、尺垫等的使用:应用完即收,防止遗失。

(6)一切测量工具,都应保持清洁,专人保管搬运,不能随意放置,更不能作为捆扎、抬、担的它用工具。

三、测量记录与计算规则

测量记录是外业观测成果的记载和内业数据处理的依据。在测量记录或计算时，必须严肃认真，一丝不苟，严格遵守下列规则：

（1）在测量记录之前，准备好硬芯（2H 或 3H）铅笔，同时熟悉记录表上各项内容及填写、计算方法。

（2）记录观测数据之前，应将记录表头的仪器型号、日期、天气、测站、观测者及记录者姓名等无一遗漏地填写齐全。

（3）观测者读数后，记录者应随即在测量记录表上的相应栏内填写，并复诵回报以资检核。不得另纸记录事后转抄。

（4）记录时，要求字体端正清晰，数位对齐，数字对齐。字体的大小一般占格宽的 1/2 ~1/3，字脚靠近底线；表示精度或占位的“0”（例如水准尺读数 1.500 或 0.234，度盘读数 93°04′00″）均不可省略。

（5）观测数据的尾数不得更改，读错或记错后必须重测重记，例如：角度测量时，秒级数字出错，应重测该测回；水准测量时，毫米级数字出错，应重测该测站；钢尺量距时，毫米级数字出错，应重测该尺段。

（6）观测数据的前几位若出错时，应用细横线画去错误的数字，并在原数字上方写出正确的数字。注意不得涂擦已记录的数据。禁止连环更改数字，例如：水准测量中的黑、红面读数，角度测量中的盘左、盘右，距离丈量中的往、返量等，均不能同时更改，否则重测。

（7）记录数据修改后或观测成果废去后，都应在备注栏内写明原因（如测错、记错或超限等）。

（8）每站观测结束后，必须在现场完成规定的计算和检核，确认无误后方可迁站。

（9）数据运算应根据所取位数，按“4 舍 6 入，5 前奇进偶舍”的规则进行凑整。例如对 1.4244m、1.4236m、1.4235m、1.4245m 这几个数据，若取至毫米位，则均应记为 1.424m。

（10）应该保持测量记录的整洁，严禁在记录表上书写无关内容，更不得丢失记录表。

四、光电测距仪及全站仪使用规则

（1）光电测距仪及全站仪为特殊贵重仪器，在使用时必须有专人负责。

（2）仪器应严格防潮、防尘、防振，雨天及大风沙时不得使用。长途搬运时，必须将仪器装入减振箱内，且由专人护送。

（3）工作过程中搬移测站时，仪器必须卸下装箱，或装入专用背架，不得装在三脚架上搬动。

（4）仪器的光学部分及反光镜严禁手摸，且不得用粗糙物品擦拭。如有灰尘，宜用软毛刷刷净；如有油污，可用脱脂棉蘸酒精、乙醚混合液擦拭。

（5）仪器不用时，宜放在通气、干燥，而且安全的地方。如果在野外沾水，应立即擦净、晾干，再装入箱内。

（6）仪器在阳光下使用时，必须打伞，以免曝晒，影响仪器性能。

（7）发射及接收物镜严禁对准太阳，以免将管件烧坏。

(8)仪器在不用时,应经常通电,以防元件受潮。电池应定时充电,但充电不宜过量,以免损坏电池。

(9)使用仪器时,操作按钮及开关,不要用力过大。

(10)使用仪器之前,应检查电池电压及仪器的各种工作状态,看是否正常,如发现异常,应立即报告指导教师,不得继续使用,更不得随意动手拆修。

(11)仪器的电缆接头,在使用前应弄清构造,不得盲目地乱拧乱拨。

(12)仪器在不工作时,应立即将电源开关关闭。

(13)学生使用仪器时,教师必须在场指导。

第二部分　课间实训部分

实训一　水准仪的认识和使用

一、目的与要求

(1) 了解 DS_3 级水准仪的基本构造。

(2) 熟悉 DS_3 级水准仪的各个部件及其作用。

(3) 掌握 DS_3 级水准仪的安置方法和读数方法。

(4) 练习用 DS_3 级微倾式水准仪测高差的方法。

(5) 每 4 人一组,要求观测、记录计算、立尺轮换操作。

二、仪器工具

每 4 人一组,每组配备 DS_3 级水准仪 1 台,水准尺 2 根,尺垫 2 个,记录板 1 块。

三、方法与步骤

1.水准仪的安置

安置水准仪之前,先把三脚架调节好,使其高度适中,架头大致水平,并将脚架踩实;然后开箱取出仪器,放在架头上,用脚架上的中心螺旋将其和脚架牢固连接。

2.测量方法

结合相关参考书熟悉仪器各部件的功能和正确的使用方法。DS_3 级微倾式水准仪的各部件名称如图 2-1-1 所示。

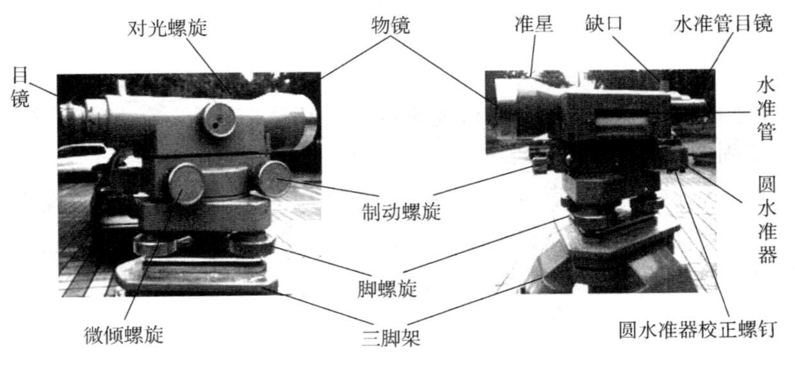

图 2-1-1　DS_3 级微倾式水准仪

3.粗平仪器

粗平的目的是使圆水准气泡居中,使视线粗略水平。粗平的方法是:首先把圆水准器旋转至任意两个角螺旋的中间位置,然后用双手同时旋转这两个脚螺旋(两个脚螺旋的旋转方向要相反,注意气泡移动的方向和左手大拇指移动的方向是一致的),使圆水准气泡移动到这两个脚螺旋的中间位置;最后再调节另外一个脚螺旋即可使气泡回到圆水准器小圆圈的中心,粗平完成。具体的调节方法如图 2-1-2 所示。

4.瞄准水准尺

瞄准水准尺时,要注意消除视差。瞄准水准尺的具体方法和步骤如下:

(1)初步瞄准:先用准星对准远处的水准尺。

(2)目镜调焦:调节目镜调焦螺旋,使望远镜十字丝清晰可见。

(3)物镜调焦:调节物镜调焦螺旋,使水准尺成像清晰。

(4)精确瞄准:在望远镜里看到清晰的水准尺影像后,调节水平微调螺旋,使十字丝竖丝位于水准尺尺面中间位置。

5.精平和读数

对于 DS_3 微倾式水准仪,瞄准水准尺之后,在读数之前要先调节微倾螺旋,使水准管气泡居中(观测目镜左方的符合气泡观察窗,看两段气泡是否符合或对齐),这一步工作叫精平,精平过后再用十字丝横丝(中丝)读出水准尺上的四位读数(估读到 mm)。如图 2-1-3 所示,中丝读数为 1.492m 或 1.493m 都可。

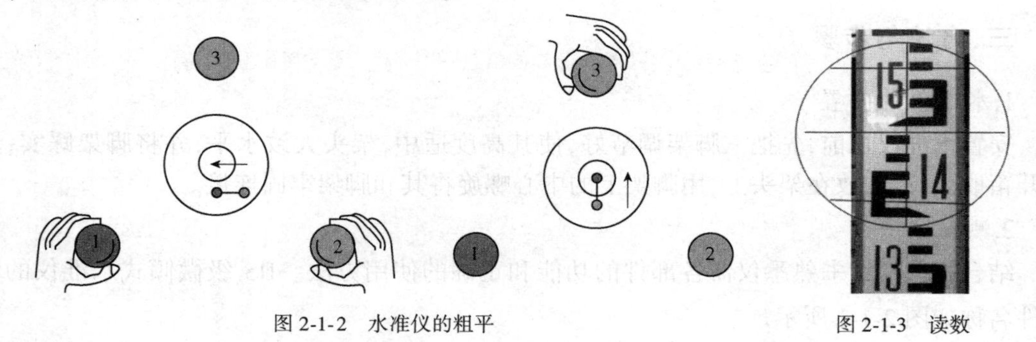

图 2-1-2　水准仪的粗平　　图 2-1-3　读数

四、注意事项

(1)安置仪器时,注意脚架高度应与观测者身高相适应,架头应大致水平,安置稳妥后方可借助中心螺旋固定仪器。

(2)整平仪器时,注意脚螺旋转动方向与圆水准气泡移动方向之间的规律,以提高速度。

(3)照准目标时,注意望远镜的正确使用,应特别注意检查并消除视差。

(4)每次读数时,注意转动微倾螺旋,使符合水准器气泡严格居中。

(5)记录、计算,应正确、清晰、工整。

实训二　闭合水准路线测量

一、目的与要求

(1)练习等外水准测量的施测方法、记录计算方法及高差闭合差的计算。

(2)掌握闭合水准路线的施测方法。

(3)掌握高差闭合差的计算方法。

(4)每4人一组,要求观测、记录计算、立尺轮换操作。

二、仪器工具

每4人一组,每组配备DS_3级水准仪1台,水准尺2根,尺垫2个,记录板1块。自备铅笔、计算器。

三、方法与步骤

1.场地的布置

首先,在规定的实训场地内,选择一地面固定点或已有高程控制点作为起点,再选定2~3个固定点作为待定高程点,点间以能安置2~3站仪器为宜。

2.测量方法

如图2-2-1所示,首先安置仪器于起点A和选定的转点TP_1的中间位置(即让水准仪至前后尺的视距大致相等),在A点和TP_1点上分别立尺(注意在转点上要放置尺垫)。按照水准仪的安置步骤即粗平-瞄准-精平-读数,读出后尺和前尺的中丝读数,分别记录在表2-2-1上,即可计算测站高差(后视读数减前视读数);然后让TP_1上的尺垫和水准尺(前尺)保持不动,把A点上的水准尺(即后尺)搬至选定的转点TP_2上(注意放置尺垫),水准仪搬至TP_1和TP_2的大致中间位置,安置好仪器后进行第二站的高差测量,依次类推,进行连续观测,直至测回到起点A上。完成闭合水准路线的外业观测。

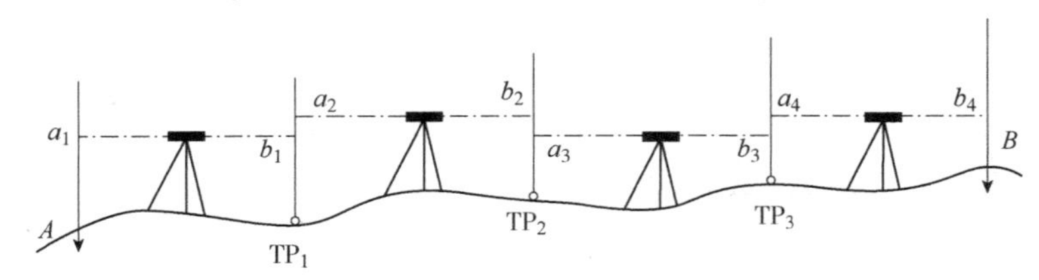

图2-2-1　水准测量施测

3.计算检核

在表2-2-1内完成计算检核,即所有后视读数之和减前视读数之和,看是否等于各站高差之和,若不等说明计算高差有错。

4.高差闭合差的计算与调整

对于闭合水准路线,其闭合差的计算方法如下:

等外水准测量记录表格　　表 2-2-1

测站	点号	后视读数 a（m）	前视读数 b（m）	高差 h（m）		高程（m）	备注
				+	－		
Σ							
检核		$\sum a=$　$\sum b=$　$\sum h=$ $\sum a-\sum b=$					

$$f_h = \sum h-(H_{终}-H_{起}) = \sum h-0$$

对于等外水准测量，高差闭合差的容许误差如下：

$$\left.\begin{array}{ll}\text{平地} & F_h = \pm 40\sqrt{L} \quad (\text{mm}) \\ \text{山地} & F_h = \pm 12\sqrt{L} \quad (\text{mm})\end{array}\right\}(\text{等外水准测量})$$

式中：L——水准路线长度（km）。

当所测闭合差小于容许误差时，则将闭合差反符号按测段的测站数或距离成比例的原则调整分配到各测段高差上。

5.高程的计算

用改正后的各测段高差计算出各待定点的高程，最后注意检核计算是否有误。

四、注意事项

（1）严格按照水准测量的操作步骤进行观测。

（2）每测完一站要搬站时，严格保证前尺转点上的尺垫不动。

（3）选择测点时，要尽量避开人流和车辆较多的地方。

（4）选择测点或安置仪器时，注意不能让仪器在水准尺上的读数过大或过小，一般要求中丝位置距尺端不宜小于0.3m。

（5）尺垫只放置在转点上，在已知点和待定点上都不能放置尺垫。

（6）在实训过程中，观测者不能因故离开仪器，搬站时要先松开制动螺旋，然后把仪器抱在胸前，所有仪器和配套工具都要随人带走。

（7）记录、计算应正确、清晰、工整。记录、计算必须在规定的表格中完成，做到边测边算，严禁记录数据时打草稿现象，原始观测数据不得转抄。若记录数据有错时，严禁用橡皮涂改，严禁字改字或连环涂改。

（8）计算一定要步步检核。

实训三　水准仪的检验与校正

一、目的与要求

(1)掌握水准仪应满足的几何条件。

(2)掌握水准仪的检验及校正方法。

(3)每4人一组,要求观测、记录计算、立尺轮换操作。

二、仪器工具

每4人一组,每组配备DS_3级水准仪1台,水准尺2根,尺垫2个,记录板1块。自备铅笔、计算器。

三、方法与步骤

1.圆水准器的检验与校正

(1)检验方法:先调节脚螺旋使圆水准气泡居中,然后将望远镜旋转180°,如果气泡仍然居中,说明圆水准轴与竖轴平行;否则两者不平行,需要校正。

(2)校正方法:先调节脚螺旋,使气泡向中心移动偏离值的一半,然后再用校正拨针拨动圆水准器下面的校正螺钉,使气泡回到中心。重复以上步骤,直至气泡旋转到任意方向都完全居中为止。

2.十字丝横丝的检验与校正

(1)检验方法:仪器安置并整平后,以十字丝横丝的一端照准约20m处一固定目标点,拧紧制动螺旋,旋转微动螺旋,观察目标的运动轨迹,如目标点始终在横丝上运动,则表明横丝水平,否则不水平,需要校正。

(2)校正方法:旋下望远镜目镜端的十字丝环护罩,用小螺丝刀松开十字丝环的四个固定螺钉,然后轻轻转动十字丝环,使横丝水平。最后拧紧四个固定螺钉,上好十字丝环护罩。

3.水准管轴平行于视准轴的检验与校正

(1)检验方法

如图2-3-1a)所示,在平坦地面选相距80m左右A、B两点(根据实训场地的实际情况,两点间的距离可适当减小),置水准仪于中点C,用变动仪器高法测定A、B两点间的高差h_0(两次高差之差≤3mm,然后取平均值作为A、B的正确高差);然后把水准仪搬至A点附近(距A尺3~5m),如图2-3-1b)所示。精平仪器后分别读取近尺(A尺)上的中丝读数为a_2,远尺(B尺)上的中丝读数为b_2,再次计算A、B的高差$h=a_2-b_2$,若$h=h_0$,说明水准仪的视线是水平的,即水准管轴与视准轴相互平行,否则两者不平行,它们之间存在交角i,即视线是倾斜的。相关数据记录在表2-3-1内。

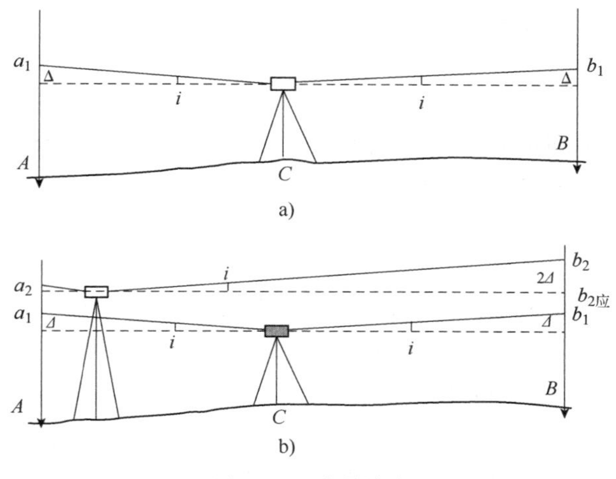

图 2-3-1 i 角的检验

水准管轴与视准轴是否平行的检校记录 表 2-3-1

仪器位置	项 目	第一次	第二次	第三次
在 A、B 两点中间置仪器测高差	后视 A 点尺上读数 a_1			
	前视 B 点尺上读数 b_1			
	$h_0=a_1-b_1$			
在 A 点附近置仪器进行检校	A 点尺上读数 a_2			
	B 点尺上读数 b_2			
	计算 $b_{2应}=a_2-h_0$			
	偏差值 $\Delta b=b_2-b_{2应}$			
	是否需校正			
校正方法				

(2)i 角的计算

在图 2-3-1b)中,考虑到仪器距 A 尺很近,因此可以把在 A 尺上的实际读数(即图中的 a_2)当成正确读数,这样就可以利用 A、B 的正确高差 h_0 计算出倾斜视线在远尺(B 尺)上的正确读数为 $b_{2应}=a_2-h_0$,则由图可知,i角可由下式计算:

$$i''=\frac{b_2-b_{2应}}{D_{AB}}\times\rho''$$

对 DS_3 级水准仪来说,若计算出的 $i=20''$,则可不校正,否则需要校正。

(3)校正方法

首先调节微倾螺旋,使中横丝对准 B 尺上的正确读数 $b_{2应}$,此时视线已调至水平状态,但水准管气泡不再居中,即水准管轴不再水平;然后用校正拨针拨动水准管端部的上下两个校正螺钉，使水准管气泡重新居中即可。

四、注意事项

(1)轴线几何关系不满足的误差，一般较小，故应仔细检验，以免过大的检验误差掩盖轴线几何关系误差，导致错误的检验结果。

(2)后一项检验结果是以前一项几何关系得以满足为前提条件的，故规定的检验校正顺序不得颠倒。

(3)各项检验校正均应反复进行，直至满足几何关系。对于第三项检校，当第 n 次检验结果 $h_n - h = (a_n - b_n) - (a - b) \leq \pm 3\text{mm}$ 时，即认为符合要求，不必再进行校正。

(4)拨动各校正螺钉须使用专用工具，且遵循“先松后紧”的原则，以免损坏校正螺钉。

(5)拨动各校正螺钉时，应轻轻转动且用力均匀，不得用力过猛或强行拨动。

(6)最后一次检校完成后，校正螺钉应处于稍紧的状态，以免在使用或运输过程中轴线几何关系变化。

实训四　经纬仪的认识与使用

一、目的与要求

(1)了解 DJ_6级光学经纬仪的基本构造。

(2)熟悉 DJ_6级光学经纬仪的各个部件及其作用。

(3)掌握 DJ_6级光学经纬仪的安置即对中、整平、瞄准、读数的方法。

(4)掌握 DJ_6级光学经纬仪水平度盘读数的配置方法。

(5)每 4 人一组,要求观测、记录计算轮换操作。

二、仪器工具

每 4 人一组,每组配备 DJ_6级光学经纬仪 1 台,记录板 1 块。自备铅笔、计算器。

三、方法与步骤

1.经纬仪各部件的认识和使用

经纬仪各部件的名称,如图 2-4-1 所示。把仪器安置在脚架上后,首先对照图 2-4-1,认识和熟悉经纬仪的各部件名称及其功能,并掌握好读数方法。

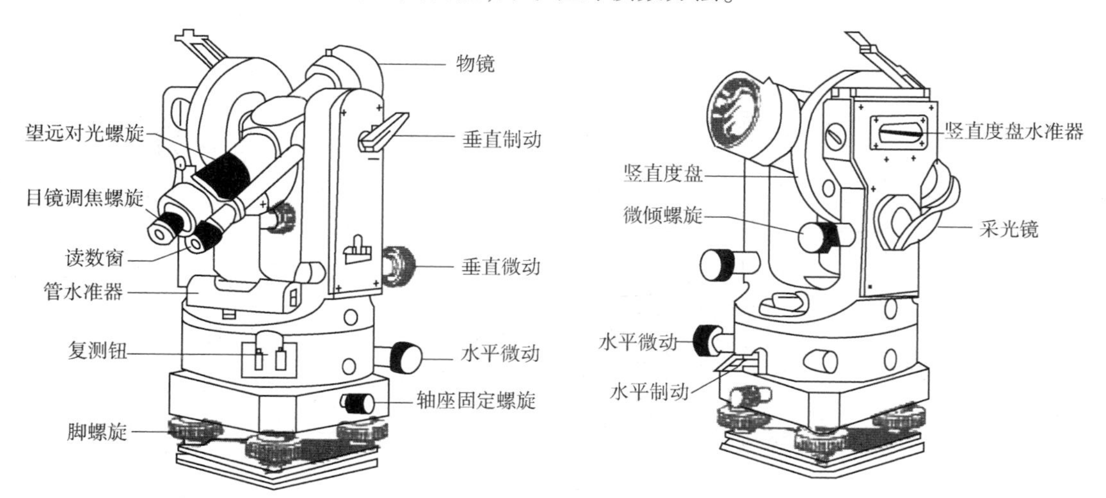

图 2-4-1　DJ_6级光学经纬仪

2.经纬仪的安置

在利用经纬仪测角之前,必须把经纬仪安置在测站上。安置的目的是使经纬仪的中心与测站点位于同一垂线上(对中),经纬仪的水平度盘处于水平状态(整平)。因此,经纬仪的安置主要包括对中和整平两项工作。

(1)对中

先将三脚架安置在地面点上,要求高度适宜,架头大致水平,并使架头的中心大致对准所选地面测站点标志。然后将三脚架踩实,装上仪器,利用光学对中器观察地面点位与分画板的标志相对位置,转动脚螺旋,直至分画板标志与地面点重合为止。若转动脚螺旋无法精确对中,则可通过重新移动脚架来对中后再踩实。

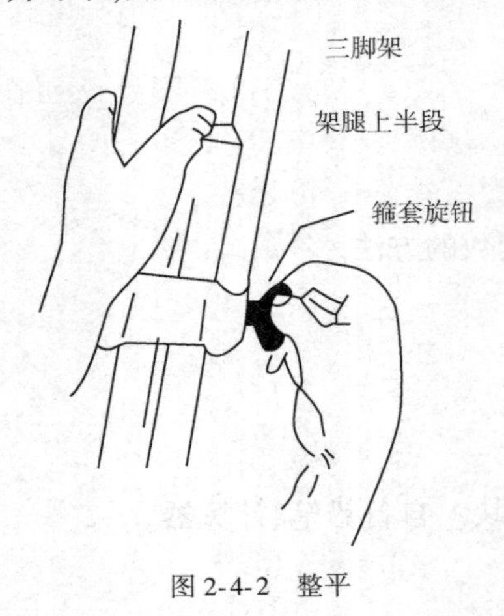

图 2-4-2 整平

(2)整平

先升降三脚架脚腿,使圆水准器气泡居中。操作时,左手握住脚腿上半段,大拇指按住脚腿下半段顶面,并在松开旋钮时以大拇指控制脚腿上下半段相对位置实现渐近升降,如图 2-4-2 所示。注意:升降脚腿时不能移动三脚架腿尖头的地面位置。

通过三脚架整平圆水准器气泡后,仪器只是概略整平,要使其精确整平,需调节三个脚螺旋使管水准器气泡整平。整平时可任选两个脚螺旋,转动照准部使管水准器与所选两脚螺旋中心连线平行,相对转动两脚螺旋,使管水准器气泡居中,如图 2-4-3a)所示。转动照准部 90°,转动第三个脚螺旋使管水准器气泡居中,如图 2-4-3b)所示。

利用光学对中器观察地面点与分画板的标志的相对位置,若两者偏离,稍松三脚架连接螺旋,在架头上移动仪器,分画板标志与地面点重合后旋紧连接螺旋。重新利用脚螺旋整平,直至在仪器整平后,光学对中器分画板标志与地面点重合为止。光学对中精度一般不大于 1mm。

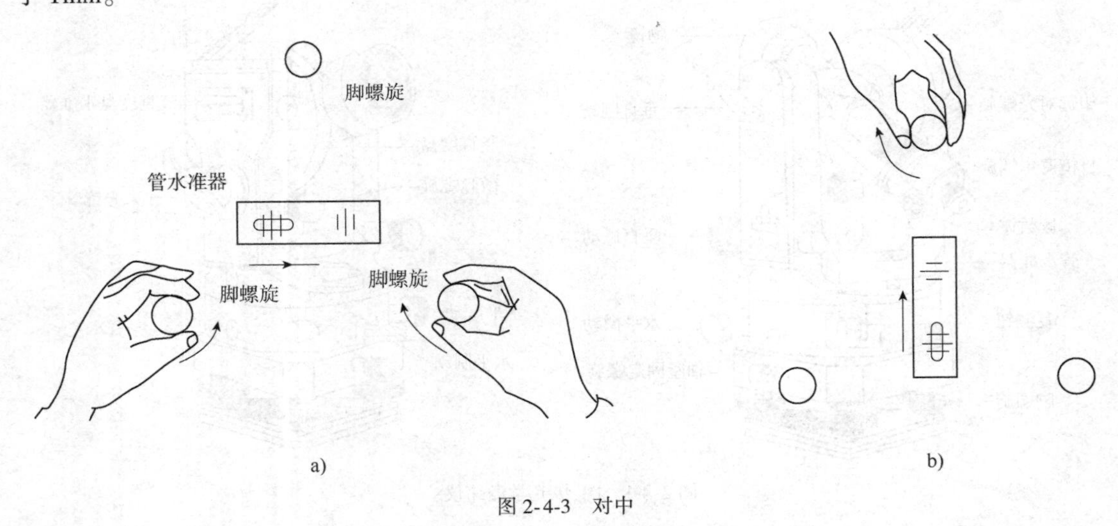

图 2-4-3 对中

在对中时如精度要求不高,也可采用垂球对中。将三脚架安置在测点上,架头大致水平后,挂上垂球,平移或转动三脚架,使垂球尖大致对准测点。装上经纬仪,将连接螺旋稍微松开,在脚架头上移动仪器,使垂球尖精确对准地面测点。在对中时,应及时调整垂球线长度,使垂球尖尽量靠近地面点,以保证对中精度。垂球对中精度不大于 3mm。

(3)瞄准

瞄准的目的是使经纬仪望远镜视准轴对准另一地面点中心位置。望远镜对向天空,调节目镜对光螺旋看清十字丝;先利用望远镜粗瞄器对准目标,旋紧制动螺旋;调节望远镜对光螺旋看清目标,并消除视差;转动照准部微动螺旋和望远镜微动螺旋,使望远镜十字丝像中心部位与目标相关部位符合。

(4)读数

目前生产的DJ_6级光学经纬仪多数采用分微尺测微器进行读数。这类仪器度盘分画值为1°,按顺时针方向注记。分微尺是一个用60条刻画线表示60′,且标有0~6注记的光学装置。在读数光路系统中,分微尺和度盘1°间隔影像相匹配。图2-4-4就是读数显微镜内所看到的度盘和分微尺影像。

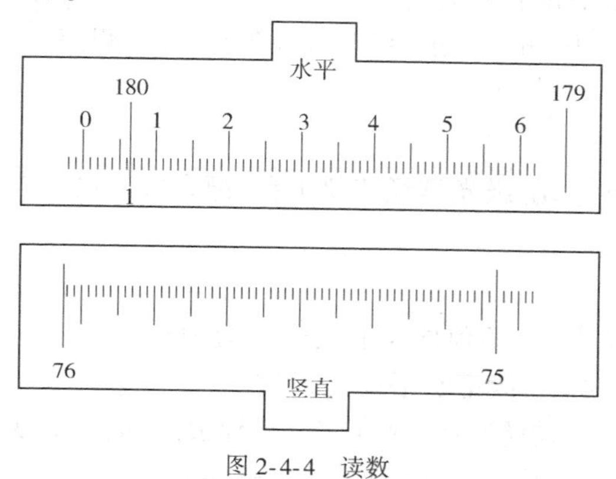

图2-4-4　读数

读数时,先读取分微尺内度分画的度数,然后再读取分微尺零分画至度盘上度分画所在分微尺上的分数,将两者相加即为读数窗口的角度读数。如图2-4-4的水平度盘的“度”位读数是180°,“分”位的读数从分微尺零分画线到度盘180°分画线之间的整格数再加上不足一格的余数部分,估读至0.1格(即0.1′),“分”位为06.2′,总的读数为180°06.2′(即180°06′12″)。相同的方法读得竖直度盘的角度读数是75°57.1′(即75°57′06″)。

读数时,要注意调整采光镜,使读数窗视场清晰。读数与记录之间相互响应,记录者对读数回报无误后方可记录,数字记错时,在错的数字上画一杠,并在其附近写上正确数字,不得进行涂改。

四、注意事项

(1)对中时,严禁先整平仪器,再移动地面点来对中。

(2)仪器整平时的误差要求,水准管气泡偏离值不得超过1格。

(3)使用制动螺旋,达到制动目的即可,不可强力过量旋转。

(4)微动螺旋应始终使用其中部,不可强力过量旋转。

(5)照准目标时,应注意检查并消除视差,尽量瞄准目标的底部,如目标为垂球线时,则要尽量瞄准垂线上部。目标较细时,要用单丝切准目标,目标较粗时,宜用双丝去卡准目标。

(6)度盘读数的直读位应正确,估读位应尽量准确。对DJ_6级光学经纬仪的测微尺读数装置,应先估读至0.1′,然后将其换算成秒。

实训五　测回法测水平角

一、目的与要求

（1）进一步熟悉 DJ_6 级光学经纬仪的正确安置和操作方法。

（2）掌握测回法观测水平角的观测程序及记录和计算的方法。

（3）熟悉测回法测水平角的相关精度指标。

（4）每 4 人一组，一组同测一个角，每人至少测一测回，测回间要按 $180°/n$ 配置度盘。

二、仪器工具

每 4 人一组，每组配备 DJ_6 级光学经纬仪 1 台，记录板 1 块。自备铅笔、计算器。

三、方法与步骤

（1）安置仪器于测站点上（即角顶点上），进行对中和整平。

（2）盘左照准左方目标 A，读记水平度盘读数 a_L。

（3）盘左顺时针方向转动照准部，照准右方目标 B，读记水平度盘读数 b_L。

（4）以上为上半测回，计算上半测回角值 $\beta_L = b_L - a_L$。

（5）纵转望远镜，把竖直度盘旋转至视线的右边变为盘右。

（6）盘右逆时针方向转动照准部，照准右方目标 B，读记水平度盘读数 b_R。

（7）盘右继续逆时针方向转动照准部，照准左方目标 A，读记水平度盘读数 a_R。

（8）以上为下半侧回，计算下半测回角值 $\beta_R = b_R - a_R$。

（9）计算上、下半测回角值较差 $\Delta\beta = \beta_L - \beta_R$。

（10）若 $\Delta\beta$ 大于容许较差（对 DJ_6 级光学经纬仪来说，上下半测回差值不超过 $\pm 40''$），则未达到精度要求，应予重测。若 $\Delta\beta$ 未超过容许较差，表明达到精度要求，则取上下半测回的平均值作为一测回的角值。

（11）依同法完成其余测回的观测，检查各测回角值互差是否超限，并计算平均角值。

观测记录、计算表格如表 2-5-1 所示。

四、注意事项

（1）仪器安置稳妥，观测过程中不可触动三脚架。

（2）观测过程中，照准部水准管气泡偏移不得超过 1 格。测回间允许重新整平，测回中不得重新整平。

（3）各测回盘左照准左方目标（即起始目标）时，应按规定配置平盘读数。

（4）观测过程中，切勿误动度盘变换手轮，以免出现错误。

（5）盘左顺时针方向转动照准部，盘右逆时针方向转动照准部。半测回内，不得反向转动照谁部。

（6）观测者和记录者应坚持回报制度。

(7)水平度盘是顺时针方向刻画。故计算水平角值时,应用右方目标的读数减左方目标的读数。当右边目标读数小于左边目标读数时,右边目标读数应先加 360°后再减左边目标读数。

测回法观测记录表

表 2-5-1

<table>
<tr><th>测站</th><th>测回</th><th>盘位</th><th>目标</th><th>水平度盘读数
(° ′ ″)</th><th>半测回角值
(° ′ ″)</th><th>一测回角值
(° ′ ″)</th><th>各测回平均角值
(° ′ ″)</th><th>备注</th></tr>
<tr><td rowspan="4"></td><td rowspan="4"></td><td rowspan="2">左</td><td></td><td></td><td rowspan="2"></td><td rowspan="4"></td><td rowspan="20"></td><td rowspan="4"></td></tr>
<tr><td></td><td></td></tr>
<tr><td rowspan="2">右</td><td></td><td></td><td rowspan="2"></td></tr>
<tr><td></td><td></td></tr>
<tr><td rowspan="4"></td><td rowspan="4"></td><td rowspan="2">左</td><td></td><td></td><td rowspan="2"></td><td rowspan="4"></td><td rowspan="4"></td></tr>
<tr><td></td><td></td></tr>
<tr><td rowspan="2">右</td><td></td><td></td><td rowspan="2"></td></tr>
<tr><td></td><td></td></tr>
<tr><td rowspan="4"></td><td rowspan="4"></td><td rowspan="2">左</td><td></td><td></td><td rowspan="2"></td><td rowspan="4"></td><td rowspan="4"></td></tr>
<tr><td></td><td></td></tr>
<tr><td rowspan="2">右</td><td></td><td></td><td rowspan="2"></td></tr>
<tr><td></td><td></td></tr>
<tr><td rowspan="4"></td><td rowspan="4"></td><td rowspan="2">左</td><td></td><td></td><td rowspan="2"></td><td rowspan="4"></td><td rowspan="4"></td></tr>
<tr><td></td><td></td></tr>
<tr><td rowspan="2">右</td><td></td><td></td><td rowspan="2"></td></tr>
<tr><td></td><td></td></tr>
<tr><td rowspan="4"></td><td rowspan="4"></td><td rowspan="2">左</td><td></td><td></td><td rowspan="2"></td><td rowspan="4"></td><td rowspan="4"></td></tr>
<tr><td></td><td></td></tr>
<tr><td rowspan="2">右</td><td></td><td></td><td rowspan="2"></td></tr>
<tr><td></td><td></td></tr>
<tr><td colspan="2">观测
点位
略图</td><td colspan="7"></td></tr>
</table>

实训六 方向观测法测水平角

一、目的与要求

(1)掌握方向观测法测水平角的操作程序及记录、计算方法。

(2)掌握归零差、$2C$ 值的相关概念及各项限差要求。

(3)熟悉测回法测水平角的相关精度指标。

(4)每 4 人一组,一组同测一个角,每人至少测一测回,测回间要按$180°/n$ 配置度盘。

二、仪器工具

每 4 人一组,每组配备 DJ_6级光学经纬仪 1 台,记录板 1 块。自备铅笔、计算器。

三、方法与步骤

如图 2-6-1 所示,O 是测站点,要观测 A、B、C、D 各方向之间的水平角,其观测步骤如下:

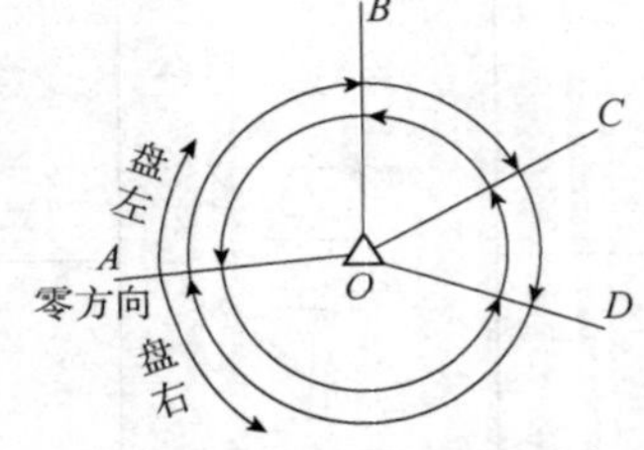

图 2-6-1 方向观测法测水平角

1.盘左

在 A、B、C、D 四点中选取一个与 O 点距离适中,目标成像较清楚的点位作为起始方向,如 A 方向。精确瞄准 A,水平度盘配置在 0(或稍大些),读数记录,然后按顺时针方向转动照准部依次瞄准 B、C、D,读数记录。为检核水平度盘在观测过程中是否发生变动,应再次瞄准 A,读取水平度盘读数,这一步骤被称为归零观测。起始方向两次水平度盘读数之差称为半测回归零差,此为上半测回观测。

2.盘右

按逆时针方向依次瞄准 A、D、C、B,读取水平度盘读数,再次瞄准 A 进行归零观测,将观测数据记录在表格中,检查半测回归零差,此为下半测回观测。

上、下半测回合称一个测回。如果为了提高测角精度需观测几个测回时,每测回仍应按$180°/n$ 的差值变换水平度盘的起始位置。方向观测法记录格式见表 2-6-1。

四、注意事项

(1)仪器安置稳妥,观测过程中不可触动三脚架。

(2)观测过程中,照准部水准管气泡偏移不得超过 1 格。测回间允许重新整平,测回中不得重新整平。

(3)各测回盘左照准左方目标(即起始目标)时,应按规定配置平盘读数。

(4)观测过程中,切勿误动度盘变换手轮,以免出现错误。

(5)盘左顺时针方向转动照准部,盘右逆时针方向转动照准部。半测回内,不得反向转动照谁部。

(6)观测者和记录者应坚持回报制度。

(7)记录数据时,盘左读数在记录中是从上到下记录,盘右时是从下而上的记录。

(8)测角过程中要做到边测边算,切忌测完后再算。

方向观测法观测记录表 表 2-6-1

测站	测回数	目标	水平度盘读数		$2C$	盘左、盘右平均值	归零后水平方向值	各测回平均水平方向值
			盘左观测	盘右观测				
1	2	3	4	5	6	7	8	9

实训七　竖直角测量

一、目的与要求

（1）熟悉经纬仪竖盘的构造特点及注记形式。

（2）掌握竖直角观测的观测程序及记录、计算的方法。

（3）每 4 人一组，每人至少完成一个目标一个测回的竖直角的观测、记录和计算。

二、仪器工具

每 4 人一组，每组配备 DJ_6 级光学经纬仪 1 台，记录板 1 块。自备铅笔、计算器。

三、方法与步骤

（1）安置仪器于测站点上，对中和整平。

（2）判断竖盘注记形式及竖直角的计算公式：把竖盘置于盘左位置，把望远镜往上抬一仰角，观察竖盘读数，若竖盘读数大于 90°，则为全圆逆时针注记（天顶读数为 180°），此时竖直角的计算公式为：$a_{左}=L-90°$，$a_{右}=270°-R$；若竖盘读数小于 90°，则为全圆顺时针注记（天顶读数为 0°），此时竖直角的计算公式为：$a_{左}=90°-L$，$a_{右}=R-270°$。

（3）竖盘指标差的计算：不论竖盘是顺时针刻画还是逆时针刻画，竖盘指标差的计算方法都一样，为：$x=[(L+R)-360°]/2$。

（4）将经纬仪安置在测站点上，选定观测目标后，按下列步骤进行竖直角观测：

①盘左精确瞄准目标，旋转竖盘指标水准管微动螺旋，使竖盘指标水准管气泡居中，读取竖盘读数 L，记录在表 2-7-1 中。

②盘右精确瞄准目标，旋转竖盘指标水准管微动螺旋，使竖盘指标水准管气泡居中，读取竖盘读数 R，记录。一测回观测结束。

③根据竖盘注记形式确定竖直角计算公式，将观测值 L、R 代入公式计算竖直角和指标差 x。

观测记录、计算表格如表 2-7-1 所示。

四、注意事项

（1）照准目标时，应检查并消除视差。

（2）盘左、盘右观测同一目标时，应用十字丝横丝切准目标的同一部位。

（3）为了消除仪器检校残存误差的影响，盘左、盘右观测同一目标时，目标影像应位于十字丝竖丝左、右的对称位置。

（4）每次读数前，应使竖盘读数指标管水准器气泡严格居中（或竖盘读数指标自动归零补偿器处于工作状态）。

（5）观测不同目标或同一目标不同测回所计算的多个竖盘指标差，其最大较差 Δx_{max} 不得超过 25″，超限应重测。

（6）注意竖直角 α 的符号，α 为正即为仰角；α 为负即为俯角。故高度角的正、负号必须书写，特别是“+”号不可省略。

（7）建议选择观测目标时，应高、低目标至少各选一个。

竖直角观测记录

表 2-7-1

测站	目标	竖盘位置	竖盘读数（° ′ ″）	半测回竖直角（° ′ ″）	指标差（′ ″）	一测回竖直角（° ′ ″）	备注
		左					
		右					
		左					
		右					
		左					
		右					
		左					
		右					
		左					
		右					

实训八　经纬仪的检验与校正

一、目的与要求

(1)熟悉 DJ_6级光学经纬仪的主要轴线及其应满足的几何关系。

(2)掌握 DJ_6级光学经纬仪检验与校正的方法。

(3)每 4 人一组,轮换操作。

二、仪器工具

每 4 人一组,每组配备 DJ_6级光学经纬仪 1 台,记录板 1 块。自备铅笔、计算器。

三、方法与步骤

安置仪器于测站点上,对中和整平。

1.照准部水准管轴的检验校正

(1)检验方法

将仪器大致整平后,转动照准部使水准管平行于任意两脚螺旋的连线,调节两脚螺旋使气泡居中;然后将照准部旋转 180°,如果此时气泡仍居中或气泡偏移很小(不足一格),则说明水准管轴垂直于竖轴,如图 2-8-1a)所示。

当水准管气泡居中,即水准管轴水平时,若竖轴不垂直于水准管轴,则此时竖轴不竖直,而是偏离铅垂线方向一个 α 角,如图 2-8-1b)所示。仪器绕竖轴旋转 180°后,竖轴仍位于原来的位置,而水准管两端却交换了位置,此时水准管轴与水平线的夹角为 2α,气泡不再居中;若偏移量超过一格时,则应进行校正。此时气泡的偏移量代表了水准管轴的倾斜角 2α,如图 2-8-1c)所示。

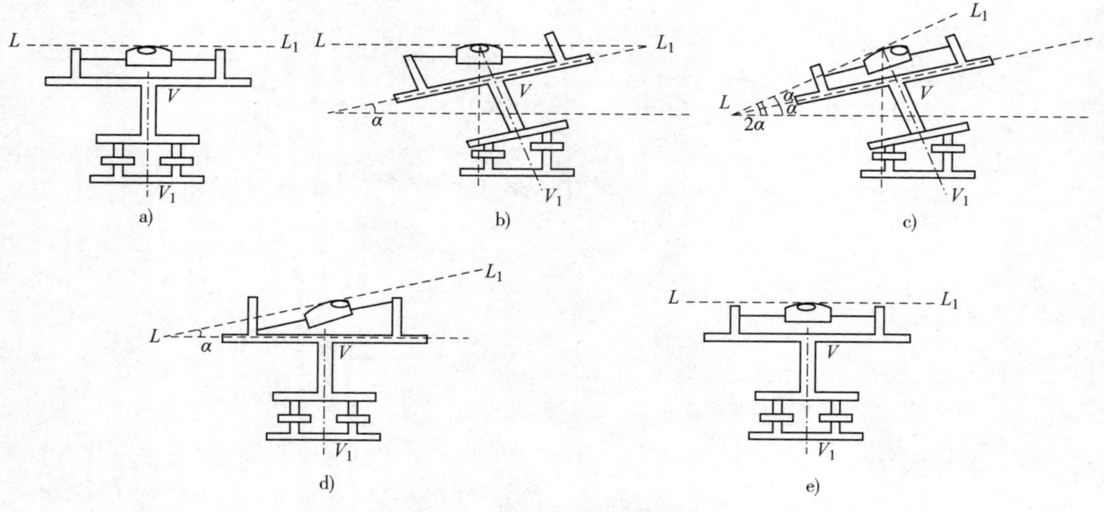

图 2-8-1　照准部水准管轴的检验

(2)校正方法

先调节两个脚螺旋使气泡回到中间的一半，此时已把竖轴调整为竖直状态，同时也使水准管轴与水平线的夹角减小到了 α 角。但水准管轴与竖轴仍不垂直，如图 2-8-1d)所示；然后再用校正针拨动水准管一端的校正螺钉，使气泡完全居中，此时竖轴仍然竖直，且水准管轴也水平，即水准管轴与竖轴相互垂直，如图 2-8-1e)所示。

此项检校必须反复进行，直至水准管位于任何位置，气泡偏离零点均不超过一格为止。

如果仪器上装有圆水准器，则应使圆水准轴平行于竖轴。检校时可用校正好的照准部水准管将仪器整平，如果此时圆水准器气泡也居中，说明条件满足，否则应校正圆水准器下面的三个校正螺钉使气泡居中。

2.十字丝竖丝的检验校正

(1)检验方法

仪器严格整平后，用十字丝交点精确瞄准一目标点，旋紧水平制动螺旋和望远镜制动螺旋，再用望远镜微动螺旋使望远镜上下移动，若目标点始终在竖丝上移动，表明竖丝竖直，如图 2-8-2 所示，否则应进行校正。

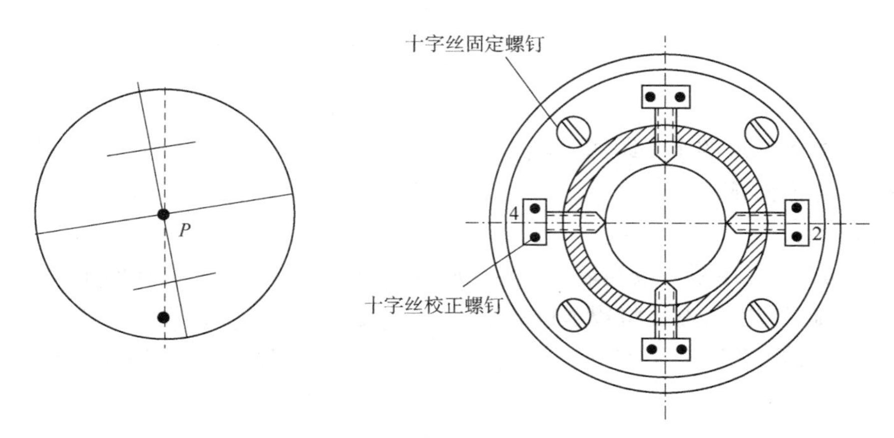

图 2-8-2　十字丝竖丝的检验校正

(2)校正方法

校正时，旋下目镜处的护盖，微微松开十字丝环的四个固定螺钉(图 2-8-2)，转动十字丝环，直至望远镜上下移动时，目标点始终沿竖丝移动为止。最后将四个固定螺钉拧紧，旋上护盖。

3.视准轴的检验校正

(1)检验方法

如图 2-8-3 所示，在一平坦场地上，选择一直线 AB 长约 100m。仪器安置在 AB 的中点 O 上，在 A 点竖立一标志，在 B 点横置一个刻有毫米分画的小尺，并使其垂直于 AB(注意标志、标尺与仪器应大致同高)。以盘左瞄准 A，倒转望远镜在 B 点尺上读数 B_1。旋转照准部以盘右再瞄准 A，倒转望远镜在 B 点尺上读数 B_2。如果 B_2 与 B_1 重合，表明视准轴垂直于横轴；否则应进行校正。

(2)校正方法

由图2-8-3可以明显看出，由于视准轴 C 的存在，盘左瞄准 A 点倒镜后视线偏离 AB 直线的角度为 $2C$，而盘右瞄准 A 点倒镜后视线偏离 AB 直线的角度亦为 $2C$，但偏离方向与盘左相反，因此 B_1 与 B_2 两个读数之差所对的角度为 $4C$。为了消除视准轴误差 C，只需在尺上定出一点 B_3，该点与盘右读数 B_2 的距离为 B_1B_2 长度的1/4。用校正针拨动十字丝左右两个校正螺钉(图2-8-2)，先松一个再紧一个，使读数由 B_2 移至 B_3，然后拧紧两校正螺钉。

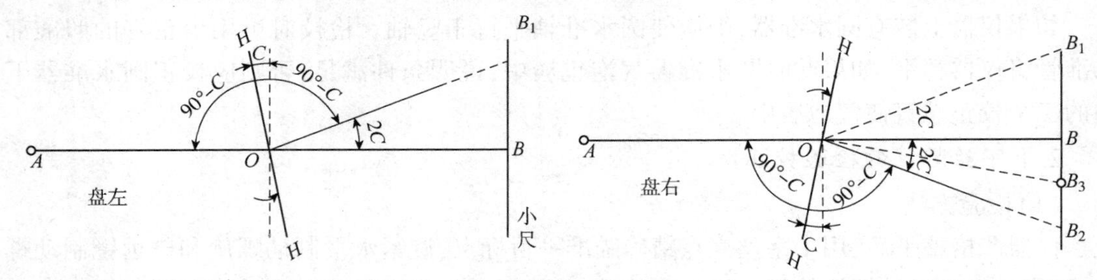

图2-8-3 视准轴的检验

此项检校亦需反复进行，直至 C 值不大于60″为止(DJ_6 级光学经纬仪)，C 值的计算方法如下：

$$C''=\frac{B_1B_2}{4D}\cdot\rho''$$

式中：D——仪器到标尺的水平距离。

4.横轴的检验校正

(1)检验方法

如图2-8-4所示，在距一较高墙壁20~30m处安置仪器，在墙上选择仰角大于30°的一目标点 P，盘左瞄准 P 点；然后将望远镜放平，在墙上定出一点 P_1；倒转望远镜以盘右瞄准 P 点，再将望远镜放平，在墙上又定出一点 P_2。如果 P_1 和 P_2 重合，表明仪器横轴垂直于竖轴，否则应进行校正。

(2)校正方法

由于横轴不垂直于竖轴，仪器整平后，竖轴处于铅垂位置，横轴就不水平，倾斜一个 i 角。当以盘左、盘右瞄准 P 点而将望远镜放平时，其视准面不是竖直面，而是分别向两侧各倾斜一个 i 角的斜平面。因此，在同一水平线上的 P_1P_2 偏离竖直面的距离相等而方向相反，直线 P_1P_2 的中点 M 必然与 P 点位于同一铅垂线上。

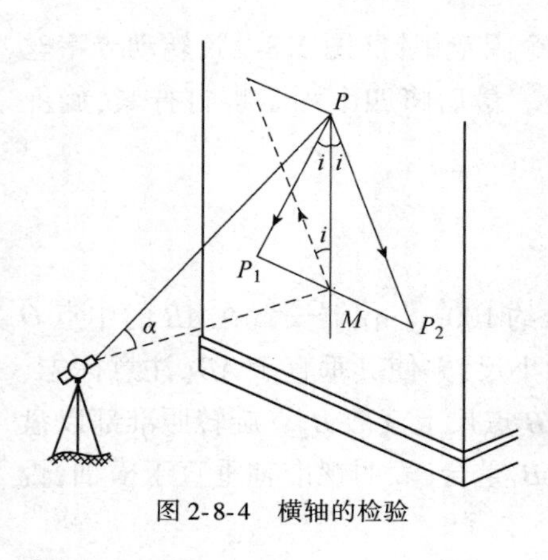

图2-8-4 横轴的检验

校正时，用水平微动螺旋使十字丝交点瞄准 M 点，然后抬高望远镜，此时十字丝交点必然偏离 P 点。打开支架处横轴一端的护盖，调整支承横轴的偏心轴环，抬高或降低横轴一端，直至十字丝交点瞄准 P 点。

对于 DJ_6 级光学经纬仪，要求 i 角不超过20″即可。由图2-8-4易知 i 角的计算方法如下：

$$i''=\frac{P_1P_2\cdot\cot\alpha}{2D}\cdot\rho''$$

式中：D——仪器到墙壁的水平距离；

α——仪器照准 P 点时的竖直角。

现代光学经纬仪的横轴是密封的，一般能保证横轴与竖轴的垂直关系，故使用时只需进行检验，如需校正，可由专业仪器检修人员进行。

5.竖盘指标差的检验与校正

（1）检验方法

仪器整平后，以盘左、盘右先后瞄准同一明显目标，在竖盘指标水准管气泡居中的情况下读取竖盘读数 L 和 R，计算指标差 x。

（2）校正方法

校正时先计算盘右的正确读数 $R_0=R-x$，保持望远镜在盘右位置瞄准原目标不变，旋转竖盘指标水准管微动螺旋使竖盘读数为正确读数 R_0，这时竖盘指标水准管气泡不再居中，用校正针拨动竖盘指标水准管的校正螺钉使气泡居中。此项检校需反复进行，直至指标差 x 不超过限差为止。DJ_6 级光学经纬仪的限差为 60″。

6.光学对中器的检验校正

如图 2-8-5 所示，光学对中器由目镜、分划板、物镜及转向棱镜组成。分画板上圆圈中心与物镜光心的连线为光学对中器的视准轴。视准轴经转向棱镜折射后与仪器的竖轴相重合。如不重合，使用光学对中器对中将产生对中误差。

检验时，将仪器安置在平坦的地面上，严格地整平仪器，在三脚架正下方地面上固定一张白纸，旋转对中器的目镜使分画板圆圈看清楚，抽动目镜使地面上白纸看清楚。根据分画板上圆圈中心在纸上标出一点 A。将照准部旋转 180°，如果 A 点仍位于圆圈中心，说明对中器视准轴与竖轴重合的条件满足。否则应将旋转 180°后圆圈中心位置在纸上标出另一点 B，取 A、B 的中点，校正转向棱镜的位置，直至圆圈中心对准中点为止。

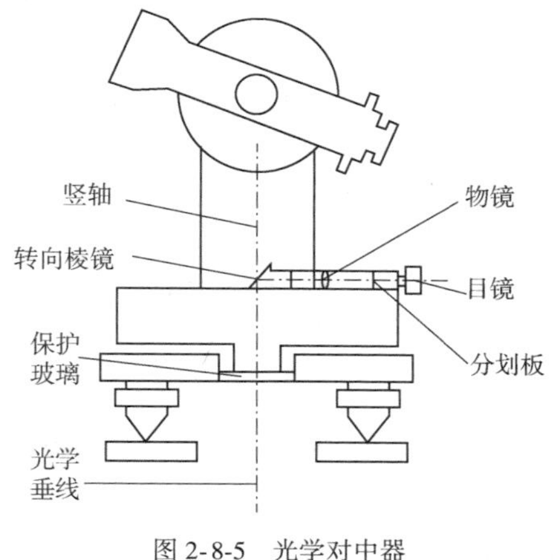

图 2-8-5　光学对中器

以上所有的实训数据注意填入表 2-8-1 中。

四、注意事项

（1）照准部水准管的检校，应使照准部在任何位置时管水准器气泡的偏离量均不超过一格。

（2）望远镜视准轴的检校，直至盘左、盘右所标两点之间距不超过 10mm 即可。

（3）横轴的检校，直至盘左、盘右所标两点之间距不超过 10mm 即可。

（4）竖盘指标差的检校，直至所测算的竖盘指标差 x 不超过±1′即可。

经纬仪的检验数据记录表

表 2-8-1

<table>
<tr><td colspan="2" rowspan="2">1. 水准管轴的检验</td><td>水准管平行一对脚螺旋时气泡位置图</td><td colspan="2">照准部旋转 180°后气泡位置图</td><td>照准部旋转 180°后气泡应有的正确位置图</td><td>是否需校正</td></tr>
<tr><td></td><td colspan="2"></td><td></td><td></td></tr>
<tr><td colspan="2" rowspan="2">2. 十字丝竖丝的检验</td><td>检验开始时望远镜视场图</td><td colspan="2">检验终了时望远镜视场图</td><td>正确的望远镜视场图</td><td>是否需校正</td></tr>
<tr><td></td><td colspan="2"></td><td></td><td></td></tr>
<tr><td rowspan="12">3.视准轴的检验</td><td rowspan="7">① 盘左盘右读数法</td><td>仪器安置点</td><td>目标</td><td>盘位</td><td>水平度盘读数</td><td>平均读数</td></tr>
<tr><td rowspan="4">A</td><td rowspan="4">G</td><td rowspan="2">左</td><td></td><td rowspan="4"></td></tr>
<tr><td></td></tr>
<tr><td rowspan="2">右</td><td></td></tr>
<tr><td></td></tr>
<tr><td rowspan="2">检验</td><td colspan="4">计算 2C =左-(右±180°)</td></tr>
<tr><td colspan="4">是否需要校正</td></tr>
<tr><td rowspan="5">②横尺法</td><td>仪器安置点</td><td colspan="2">横尺读数</td><td>读数差(右-左)</td><td>仪器到横尺距离</td></tr>
<tr><td rowspan="2">A</td><td>盘左</td><td></td><td rowspan="2"></td><td rowspan="2">20.6265m</td></tr>
<tr><td>盘右</td><td></td></tr>
<tr><td rowspan="2">检验</td><td colspan="4">计算 $C''=\frac{B_1B_2}{4D}\rho''$</td></tr>
<tr><td colspan="4">是否需要校正</td></tr>
</table>

续上表

<table>
<tr><td rowspan="8">4.横轴的检验</td><td>仪器安置点</td><td>目标</td><td>盘位</td><td>竖直度
盘读数</td><td>半测回
竖直角</td><td>指标差</td><td>一测回竖直角</td></tr>
<tr><td rowspan="4">A
（竖直角 α 大于30°）</td><td rowspan="4">M</td><td rowspan="2">左</td><td></td><td></td><td></td><td rowspan="4"></td></tr>
<tr><td></td><td></td><td></td></tr>
<tr><td rowspan="2">右</td><td></td><td></td><td></td></tr>
<tr><td></td><td></td><td></td></tr>
<tr><td rowspan="2">检验</td><td colspan="6">用小钢尺量得：$P_1P_2=$______。
计算：$i''=\frac{P_1P_2}{2D\cdot\tan\alpha}\cdot\rho''=$______。</td></tr>
<tr><td colspan="5">是否需要校正</td><td></td></tr>
</table>

<table>
<tr><td rowspan="5">5.竖盘指标差的检验</td><td>仪器安置点</td><td>目标</td><td>盘位</td><td>竖盘读数</td><td>竖直角</td></tr>
<tr><td rowspan="2">A</td><td rowspan="2">G</td><td>左</td><td></td><td></td></tr>
<tr><td>右</td><td></td><td></td></tr>
<tr><td rowspan="2">检验</td><td colspan="3">计算指标差</td><td></td></tr>
<tr><td colspan="3">是否需校正</td><td></td></tr>
</table>

<table>
<tr><td rowspan="6">6.校正方法简述</td><td>水准管轴</td><td colspan="2"></td></tr>
<tr><td>十字丝竖丝</td><td colspan="2"></td></tr>
<tr><td rowspan="2">视准轴</td><td>盘左盘右法</td><td></td></tr>
<tr><td>横尺法</td><td></td></tr>
<tr><td>横轴</td><td colspan="2"></td></tr>
<tr><td>指标差</td><td colspan="2"></td></tr>
</table>

实训九 视距测量

一、目的与要求

(1)理解视距测量的原理。

(2)掌握用视距测量的方法测定地面两点间的水平距离和高差的方法。

(3)学会用计算器进行视距计算。

(4)每 4 人一组,观测、记录、计算、立尺轮流操作。

二、仪器工具

经纬仪 1 台、视距尺 1 根、2m 钢卷尺 1 把、记录板 1 块。自备铅笔、计算器。

三、方法与步骤

(1)在地面选定间距大于 40m 的 A、B 两点并做好标记。

(2)将经纬仪安置(对中、整平)于 A 点,用小卷尺量取仪器高 i(地面点到仪器横轴的距离),精确到厘米,记录。

(3)在 B 点上竖立视距尺。

(4)上仰望远镜,根据读数变化规律确定竖角计算公式,写在记录表格表头。

(5)望远镜盘左位置瞄准视距尺,使中丝对准视距尺上仪器高 i 的读数 v 处(即使 $v=i$),读取下丝读数 a 及上丝读数 b,记录,计算尺间隔 $l_{左}=a-b$。

(6)转动竖盘指标水准管微倾螺旋使竖盘指标水准管气泡居中(电子经纬仪无此操作),读取竖盘读数 L,记录,计算竖直角 $\alpha_{左}$。

(7)望远镜盘右位置重复第 5、6 步得尺间隔 $l_{右}$和 $\alpha_{右}$。

(8)计算竖盘指标差,在限差满足要求时,计算盘左、盘右尺间隔及竖直角的平均值 l、α。观测数据记入表 2-9-1 中。

(9)用计算器根据 l、α 计算 AB 两点的水平距离 D_{AB}和高差 h_{AB}。当 A 点高程给定时,计算 B 点高程。计算公式如下:

$$D=kl\cos^2\alpha$$

$$h=\frac{1}{2}kl\sin2\alpha+i-v$$

(10)再将仪器安置于 B 点,重新用小卷尺量取仪器高 i,在 A 点立尺,测定 BA 点间的水平距离 D_{BA}和高差 h_{BA},对前面的观测结果予以检核,在限差满足要求时,取平均值求出两点间的距离 D_{AB}和高差 h_{AB}($h_{AB}=-h_{BA}$)。当 A 点高程给定时,计算 B 点高程。

(11)上述观测完成后,可随机选择测站点附近的碎部点作为立尺点,进行视距测量练习。

视距测量记录　　　　表 2-9-1

仪器号________ 天气________ 测站点高程________ 仪器高________
地点________ 观测者________ 记录者________ 竖角计算公式________

测站	立尺点号	下丝读数 a 上丝读数 b 尺间隔 l	中丝读数 v	竖盘读数及半测回竖直角(° ′ ″)	一测回竖直角及指标差(° ′ ″)	水平距离 D (m)	高差 h (m)	高程 H (m)
				$L=$	$\alpha=$ $x=$			
				$\alpha_{左}=$				
				$R=$				
				$\alpha_{右}=$				
				$L=$	$\alpha=$ $x=$			
				$\alpha_{左}=$				
				$R=$				
				$\alpha_{右}=$				
				$L=$	$\alpha=$ $x=$			
				$\alpha_{左}=$				
				$R=$				
				$\alpha_{右}=$				
				$L=$	$\alpha=$ $x=$			
				$\alpha_{左}=$				
				$R=$				
				$\alpha_{右}=$				

四、注意事项

(1)观测时,竖盘指标差应在±25′以内;上、中、下三丝读数应满足。

$$\left|\frac{上+下}{2}-中\right|\leqslant 6\text{mm}$$

(2)用光学经纬仪中丝读数前,应使竖盘指标水准管气泡居中。

(3)视距尺应立直。

(4)水平距离往返观测的相对误差的限差 $k_{容}=1/300$;高差之差的限差 $\Delta h_{容}=\pm 5\text{cm}$。

(5)若 AB 两点间高差较小,则可使视线水平,即盘左读数为 90°(盘右读数为 270°),读取上丝读数 a'、下丝读数 b',计算视距间隔 $l'=b'-a'$,再使竖盘指标水准管气泡居中,读取中丝读数 v,计算水平距离 $D=kl$,高差 $h=i-v$。

实训十　四等水准测量

一、目的与要求

（1）掌握用双面尺进行四等水准测量的观测、记录、计算方法。

（2）掌握四等水准测量的主要技术指标、测站及水准路线的检验方法。

（3）高差的闭合差应$\leqslant \pm 6\sqrt{n}$（mm）。

（4）每4人一组，轮换操作仪器。

二、仪器工具

DS_3级水准仪一台，双面尺2根，记录板1块，尺垫2个，测伞1把。自备计算器、铅笔、小刀、计算用纸。

三、方法与步骤

（1）选定一条闭合水准路线，其长度以安置4~6个测站为宜。沿线标定待定点（转点）的地面标志。

（2）在起点与第一个待定点分别立尺，然后在两立尺点之间设站，安置好水准仪后，按以下顺序进行观测：

①照准后视尺黑面，进行对光、调焦，消除视差；精平（将水准气泡影像符合）后，分别读取上、下丝读数和中丝读数，分别记入记录表（1）、（2）、（3）顺序栏内，见表2-10-1。

②照准前视尺黑面，消除视差并精平后，读取上、下丝和中丝读数，分别记入记录表（4）、（5）、（6）顺序栏内。

③照准前视尺红面，消除视差并精平后，读取中丝读数，记入记录表（7）顺序栏内。

④照准后视尺红面，消除视差并精平后，读取中丝读数，记入记录表（8）顺序栏内。

这种观测顺序简称为“后-前-前-后”，目的是减弱仪器下沉对观测结果的影响。

（3）测站的检核计算。

①计算同一水准尺黑、红面分划读数差（即黑面中丝读数$+K-$红面中丝读数，其值应$\leqslant$3mm），填入记录表（9）、（10）顺序栏内。

$$(9)=(6)+K-(7)$$

$$(10)=(3)+K-(8)$$

②计算黑、红面分划所测高差之差，填入记录表（11）、（12）、（13）顺序栏内。

$$(11)=(3)-(6)$$

$$(12)=(8)-(7)$$

$$(13)=(10)-(9)$$

③计算高差中数，填入记录表（14）顺序栏内。

$$(14)=[(11)+(12)\pm 0.100]/2$$

四等水准测量记录表

表 2-10-1

时间： 天气： 成像：观测者： 记录者： 班级： 小组：

测站编号	点号	后尺 下丝 / 上丝	前尺 下丝 / 上丝	方向及尺号	标尺读数(m) 黑面	标尺读数(m) 红面	黑+K-红(mm)	高差中数(m)	备注
		后视距(m)	前视距(m)						
		视距差 d(m)	Σd(m)						
		(1)	(4)	后	(3)	(8)	(10)	(14)	
		(2)	(5)	前	(6)	(7)	(9)		
		(15)	(16)	后-前	(11)	(12)	(13)		
		(17)	(18)						
				后					
				前					
				后-前					
				后					
				前					
				后-前					K 为水准尺常数，如 K_{105} = 4.787，K_{106} = 4.687
				后					
				前					
				后-前					
				后					
				前					
				后-前					
				后					
				前					
				后-前					
检核	$\Sigma(15)-\Sigma(16)=$ 末站(18) $[\Sigma(3)+\Sigma(8)]-[\Sigma(6)+\Sigma(7)]=\Sigma(11)+\Sigma(12)=2\Sigma(14)$ 总视距 $=\Sigma(15)+\Sigma(16)$								

④计算前后视距（即上、下丝读数差×100，单位为 m），填入记录表(15)、(16)顺序栏内。

$$(15)=(1)-(2)$$

$$(16)=(4)-(5)$$

⑤计算前后视距差(其值应≤5m),填入记录表(17)顺序栏内。

$$(17)=(15)-(16)$$

⑥计算前后视距累积差(其值应≤10m),填入记录表(18)顺序栏内。

$$(18)=上(18)+本(17)$$

(4)用同样的方法依次施测其他各站。

(5)各站观测和验算完后进行路线总验算,以衡量观测精度。其验算方法如下:

当测站总数为偶数时:$\sum(11)+\sum(12)=2\sum(14)$

当测站总数为奇数时:$\sum(11)+\sum(12)=2\sum(14)\pm0.100\text{m}$

末站视距累积差:末站$(18)=\sum(15)-\sum(16)$

水准路线总长:$L=\sum(15)+\sum(16)$

高差闭合差:$f_h=\sum(14)$

高差闭合差的允许值:$f_{h允}=\pm20\sqrt{L}$或$f_{h允}=\pm6\sqrt{n}$,单位是mm。其中L为以km为单位的水准路线长度;n为该路线总的测站数。如果算得结果是$|f_h|<|f_{h允}|$,则可以进行高差闭合差调整,若$|f_h|>|f_{h允}|$,则应立即重测该闭合路线。

四、注意事项

(1)每站观测结束后应立即进行计算、检核,若有超限则重新设站观测。全路线观测并计算完毕,且各项检核均已符合,路线闭合差也在限差之内,即可收测。

(2)注意区别上、下视距丝和中丝读数,并记入记录表相应的顺序栏内。

(3)四等水准测量作业的集体性很强,全组人员一定要相互合作,密切配合,相互体谅。

(4)严禁为了快出成果而转抄、涂改原始数据。记录数据要用铅笔,字迹要工整、清洁。

(5)有关四等水准测量的技术指标限差规定见表2-10-2所示。

四等水准测量的技术指标限差 表2-10-2

等级	视线高度(m)	视距长度(m)	前后视距差(m)	前后视距累积差(m)	黑、红面分划读数差(mm)	黑、红面分划所测高差之差(mm)	路线高差闭合差(mm)
四	>0.2	≤80	≤5	≤10	≤3	≤5	$\pm20\sqrt{L}$

实训十一　经纬仪测绘法测图

一、目的与要求

(1)掌握选择地形点的要领。

(2)掌握用经纬仪测绘法进行大比例尺地形图的测绘方法。

(3)测图比例尺为1∶500,等高距为1m。

(4)每小组5~6人,其中观测1人,记录1人,绘图1人,计算1人,立尺1人,每人测绘数点后再交换工作。

二、仪器工具

(1)由仪器室借领:DJ_6级经纬仪1台,测图板(或小平板)1块,视距尺1根,皮尺1盒,钢卷尺1盒,小竹竿3根(或三脚小铁架),测伞1把,三角板1副,量角器1个,记录板1块,绘图纸1张,大头针5枚,比例尺1把。

(2)自备工具:计算器,铅笔,小刀,橡皮,草稿纸。

三、方法与步骤

(1)在选定的测站上安置经纬仪,量取仪器高,并在经纬仪旁边架设小平板(图纸已经被糊在小平板上)。

(2)用大头针将量角器中心与小平板图纸上已展绘出的该测站点固连。

(3)选择好起始方向(另一控制点)并标注在小平板的格网图纸上。

(4)经纬仪盘左位置照准起始方向后,把度盘配置成0°00′00″。

(5)用经纬仪望远镜的十字丝照准所测地形点上的视距尺,分别读取上、下丝及中丝读数,再读取水平角、竖盘读数(计算出竖直角),算出视距间隔及视距,并用视距和竖直角计算高差和平距,同时根据测站点的高程计算出此地形点的高程。把观测和计算数据分别填入表2-11-1中。

(6)绘图人员用量角器从起始方向量取水平角,定出方向线,在此方向线上依测图比例尺量取平距,所得点位就是把该地形点按比例尺测绘到图纸上的点,然后在点的右侧标注其高程。

(7)用同样的方法,可将其他地形特征点测绘到图纸上,并描绘出地物轮廓线或等高线。

四、注意事项

(1)此测图法中,经纬仪负责全部观测任务,小平板只起绘图作用。

(2)起始方向选好后,经纬仪在此方向要严格配置为0°00′00″。观测期间要经常进行检查,发现问题要及时纠正或重测。

(3)在读竖盘读数时,要使竖盘指标水准管气泡居中并应注意调整。

(4)跑尺员要把尺子立直,记录员记录、计算要迅速准确,保证无误。

(5)测图中要保持图纸的清洁干净,尽量少画无用线条。

(6)仪器和工具比较多,要各负其责,既不出现仪器事故,也不丢失测图工具。

碎部测量记录表

表 2-11-1

日期: 班级: 小组: 记录者: 测站: 后视点: 仪器高 i: 测站高程:

观测点	视距间隔(m)	中丝读数(m)	竖盘度数(° ′ ″)	竖直角(° ′ ″)	高差(m)	水平角(° ′ ″)	平距(m)	高程(m)	备注

实训十二　全站仪的认识与使用

一、目的与要求

(1)认识全站仪的构造及功能键。

(2)熟悉全站仪的一般操作方法。

二、仪器工具

(1)由仪器室借领:全站仪 1 套、对讲机 1 对、棱镜 1 套、测伞 1 把、记录板 1 块。

(2)自备:铅笔、小刀、草稿纸。

三、方法与步骤

下面以 SET510 全站仪为例叙述全站仪的一般操作方法。SET510 全站仪的操作面板如图 2-12-1 所示。

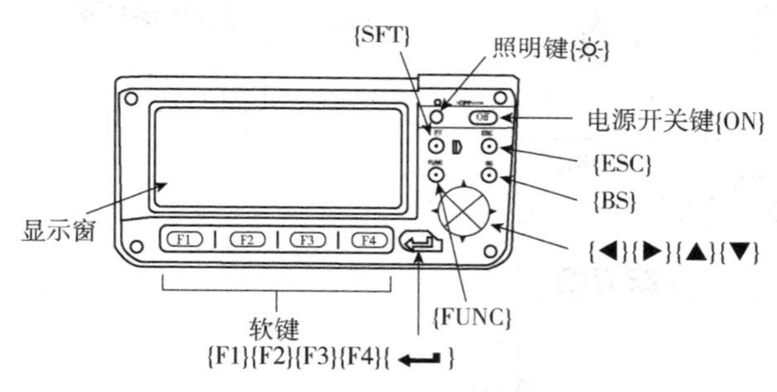

图 2-12-1　SET 510全站仪操作界面

其基本操作如下:

(1)开机和关机

开机:按{ON}。

关机:按{ON}+照明键。

(2)显示窗照明

打开或关闭照明:按照明键。

(3)软键操作

显示窗底行显示出各软键的功能。

{F1}~{F4}:选取软键对应功能

{FUNC}:改变测量模式菜单页。

(4)任选项的选取

{▲}/{▼}:向上或向下移动光标。

{▶}/{◀}:向左或向右移动光标,或者选取其他项。

{ ↵ }:选取选项。

(5)显示屏上显示符号的含义

ZA——竖直度盘读数(或竖直角);HAR——水平度盘读数;H——水平距离;V——仪器望远镜至棱镜间高差;S——斜距;N —— 北坐标,相当于 x;E ——东坐标,相当于 y;Z——天顶方向坐标,相当于高程 H。

SET510 全站仪的主要工作模式如图 2-12-2 所示。

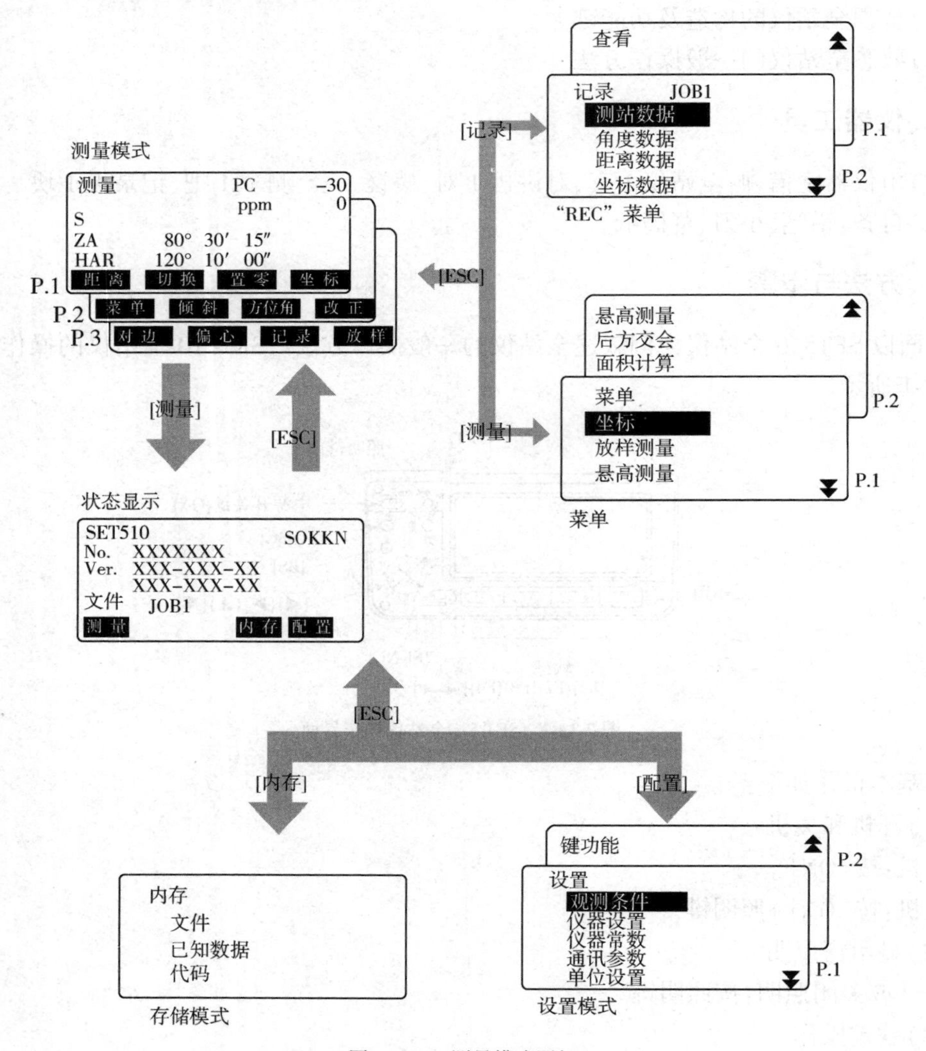

图 2-12-2 测量模式图解

1.安置仪器

(1)在地面上任选一测站点 A 安置全站仪,对中、整平。

在整平时,可调用电子气泡进行,用电子气泡不但会使整平的精度更高,整平速度也会加快。电子气泡的调用方法如下:

在测量模式第 2 页菜单下按{倾斜}对应的软键使电子气泡显示在屏幕上,如图 2-12-3 所示。

图中“●”在图中表示气泡，数字表示倾角值。

（2）在待测点安置三脚架，进行对中、整平，并将安装好棱镜的棱镜架安装在三脚架上。通过棱镜上的缺口使棱镜对准望远镜，在棱镜架上安装照准用觇板。

2.检测

开机，检测电源电压，看是否满足测距要求。

3.测前准备

在“设置模式”里对全站仪进行如下设定：

（1）设定距离单位为 m。

（2）设定竖直角的显示模式，若选择为“垂直 90°”，则此时显示屏上直接显示竖直角的大小，而不是竖直度盘读数。

（3）设定气温单位为℃，设定气压单位与所用气压计的单位一致。

（4）输入全站仪的棱镜常数（不同厂家生产的棱镜会有不同的棱镜常数，SET510 的配套棱镜常数为-30）。

4.测角

照准目标后，水平度盘读数 HAR 及竖直度盘读数 ZA 即直接显示在屏幕上。

5.测距离、高差

（1）测定气温、气压并输入全站仪（输入后屏幕显示的 ppm 值为气象改正比例系数）。

（2）选定距离测量方式为“精测均值”方式。

（3）用望远镜照准测点的觇板中心，按测距键，施测后屏幕按设定的格式显示测量结果（可按“切换”键查阅其他所包含的测量数据，如平距 H、高差 V 等）。如图 2-12-4 所示。把观测的数据填入表 2-12-1 中。

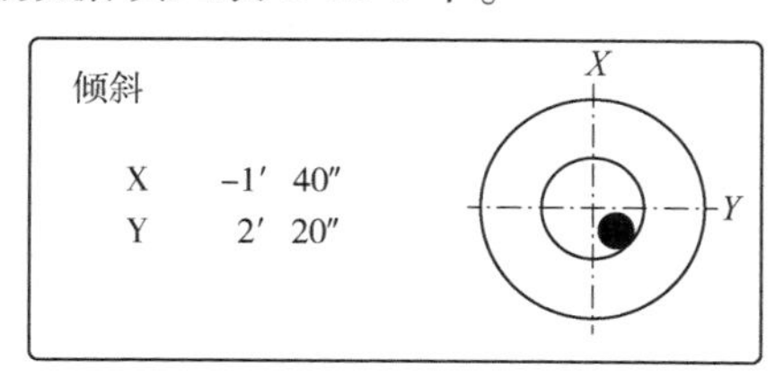

图 2-12-3 电子气泡界面

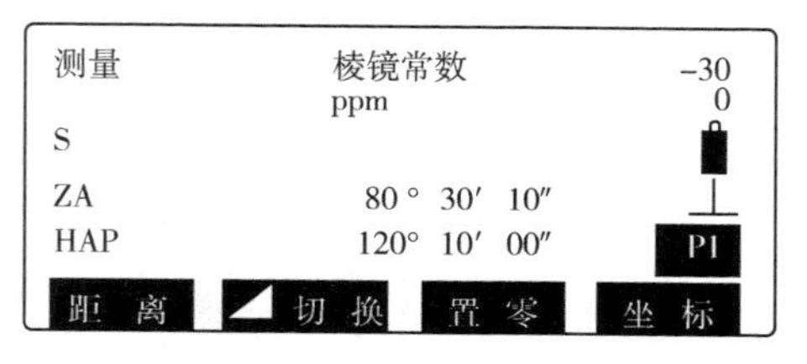

图 2-12-4 测距结果界面

四、注意事项

（1）不同厂家生产的全站仪，其功能和操作方法也会有较大的差别，实训前须认真阅读其中的有关内容或全站仪的操作手册。

（2）全站仪是很贵重的精密仪器，在使用过程中要十分细心，以防损坏。

（3）在测距方向上不应有其他的反光物体（如其他棱镜、水银镜面、玻璃等），以免影响测距成果。

（4）不能把望远镜对向太阳或其他强光，在测程较大、阳光较强时要给全站仪和棱镜分别打伞。

（5）连接及去掉外接电源时应在教师指导下进行，以免损坏插头。

(6)全站仪的电池在充电前须先放电，充电时间也不能过长，否则会使电池容量减小，寿命缩短。

(7)电池应在常温下保存，长期不用时应每隔 3~4 个月充电一次。

(8)外业工作时应备好外接电源，以防电池不够用。

全站仪的认识与使用数据记录表 表 2-12-1

日期:______年____月____日　　天气:______　　仪器型号:____________组号:______

观测者:______________________　记录者:______________________立棱镜者:______

测点	目标点	水平度盘读数（° ′ ″）	水平角（° ′ ″）	竖直角（° ′ ″）	斜距（m）	平距（m）	高差（m）	备注

实验十三　全站仪三维坐标测量

一、目的与要求

(1)掌握普通全站仪参数输入、设置的方法。

(2)掌握全站仪三维坐标测量的原理及操作方法。

二、仪器工具

全站仪 1 套、对讲机 1 对、棱镜 1 套、测伞 1 把、记录板 1 块。自备铅笔、小刀、草稿纸。

三、方法与步骤

1.全站仪坐标测量原理

如图 2-13-1 所示,地面上 A、O 两点的三维坐标已知,且分别为(X_A,Y_A,H_A)、(X_O,Y_O,H_O),B 为待测点,设其坐标为(X_B,Y_B,H_B),若在 O 点安置仪器,A 为后视点(即定向点)。首先把 A、O 两点的坐标输入全站仪,仪器便能自动根据坐标反算公式计算出 OA 边的坐标方位角 α_{OA},如图 2-13-1 所示。在瞄准后视点 A 后,通过键盘操作,可将此时的水平度盘读数设置为计算出的 OA 方向的坐标方位角,即此时仪器的水平度盘读数就与坐标方位角相一致(即仪器转到任一方向,水平度盘显示的度数即为该方向的坐标方位角)。当仪器瞄准 B 点,显示的水平角就是 OB 方向的坐标方位角。测出 OB 的斜距 D'后,仪器可根据所测的竖直角 δ 计算出 OB 的水平距离 D,然后根据坐标正算公式和三角高程测量原理即可计算出待测点 B 的三维坐标。相关计算公式如图 2-13-1 所示。实际上上述计算是由全站仪的内置软件自动完成的,通过操作键盘可直接读出待测点的三维坐标。

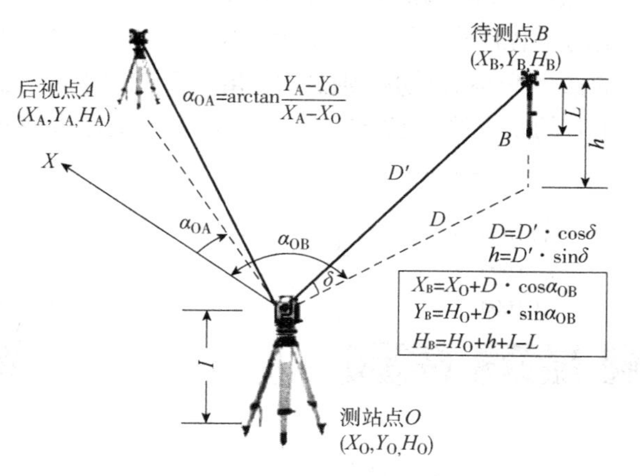

图 2-13-1　全站仪坐标测量原理

2.操作方法

下面以 SET510 全站仪为例叙述全站仪的三维坐标测量操作方法。

1)安置仪器

(1)在地面上任选一测站点 O 安置全站仪，对中、整平并量取仪器高。

(2)在后视点(定向点)安置三脚架，进行对中、整平，并将安装好棱镜的棱镜架安装在三脚架上。通过棱镜上的缺口使棱镜对准望远镜，在棱镜架上安装照准用觇板。

2)测前准备

在“设置模式”里对全站仪进行如下设定：

(1)设定距离单位为 m。

(2)设定竖直角的显示模式，若选择为“垂直 90°”，则此时显示屏上直接显示竖直角的大小，而不是竖盘读数。

(3)设定气温单位为°C，设定气压单位与所用气压计的单位一致。

(4) 输入全站仪的棱镜常数(不同厂家生产的棱镜会有不同的棱镜常数，SET510 全站仪的配套棱镜常数为-30)。

3.数据输入与定向

(1)精确瞄准后视点，拧紧水平制动与竖直制动螺旋。

(2)在测量模式第 1 页菜单下按【坐标】键进入<坐标测量>屏幕，然后选取“测站坐标”后按【编辑】输入测站坐标、量取的仪器高和目标高等信息(具体输入方法可参考全站仪说明书)。界面如图 2-13-2 所示。

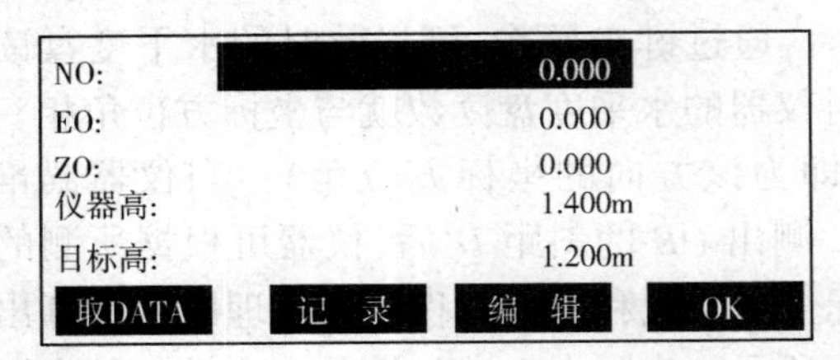

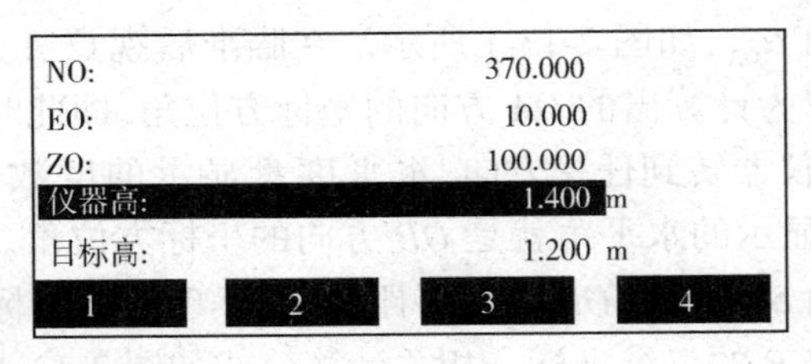

图 2-13-2　数据输入界面

(3)若已知的是后视点的三维坐标，则选择“坐标定向”，同时把后视点的三维坐标输入到全站仪里，全站仪根据内置程序即可解算出定向边的坐标方位角。如图 2-13-3 所示。

(4)若已知的是定向边的坐标方位角，则选择“角度定向”，同时把定向边的坐标方位角输入到全站仪内，并把此时的水平度盘读数设置成定向边的坐标方位角。如图 2-13-3 所示。

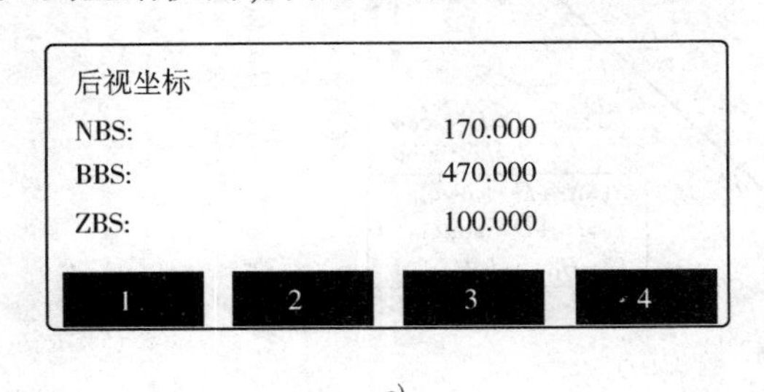

a)

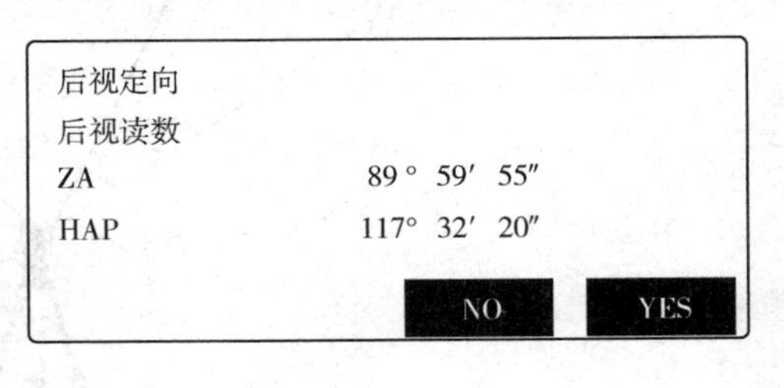

b)

图 2-13-3　后视定向界面

4.坐标测量

数据输入完毕后，在<坐标测量>屏幕下选取“测量”开始坐标测量。然后照准待测点所立棱角，按下【观测】键，便可显示待测点的三维坐标。如图 2-13-4 所示。把测得的坐标数据分别记入表 2-13-1 中。

全站仪三维坐标测量记录表 表 2-13-1

日期:______年____月____日 天气:________ 仪器型号:________________组号:________

观测者:__________________记录者:__________________立棱镜者:________

已知:测站点______的三维坐标 X=________ m,Y=________ m,H=________ m

测站点________至后视点________的坐标方位角 α=________

量得:测站仪器高=________ m,前视点________的棱镜高=________ m

测站点/后视点	待测点	待测点三维坐标			备注
		X	Y	H	
________					

观测者:__________________记录者:__________________立棱镜者:________

已知:测站点______的三维坐标 X=________ m,Y=________ m,H=________ m。

测站点________至后视点________的坐标方位角 α=________。

量得:测站仪器高=________ m,前视点________的棱镜高=________ m。

测站点/后视点	待测点	待测点三维坐标			备注
		X	Y	H	
________					

观测者:__________________记录者:__________________立棱镜者:________

已知:测站点______的三维坐标 X=________ m,Y=________ m,H=________ m。

测站点________至后视点________的坐标方位角 α=________。

量得:测站仪器高=________ m,前视点________的棱镜高=________ m。

测站点/后视点	待测点	待测点三维坐标			备注
		X	Y	H	
________					

观测者:__________________记录者:__________________立棱镜者:________

已知:测站点______的三维坐标 X=________ m,Y=________ m,H=________ m。

测站点________至后视点________的坐标方位角 α=________。

量得:测站仪器高=________ m,前视点________的棱镜高=________ m。

测站点/后视点	待测点	待测点三维坐标			备注
		X	Y	H	
________					

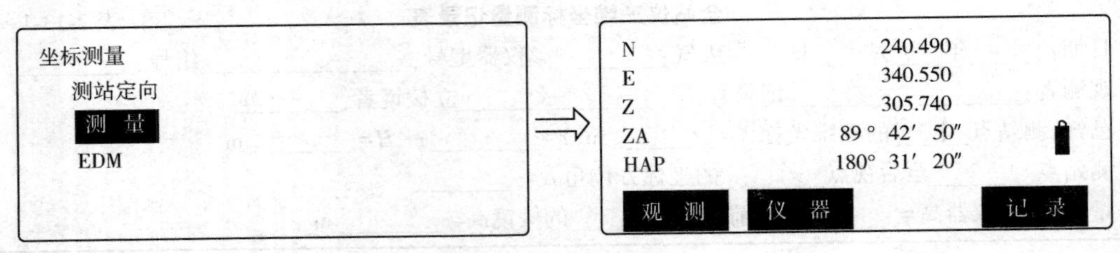

图 2-13-4 坐标测量界面

四、注意事项

(1)不同厂家生产的全站仪,其功能和操作方法也会有较大的差别,实训前须认真阅读其中的有关内容或全站仪的操作手册。

(2)全站仪是很贵重的精密仪器,在使用过程中要十分细心,以防损坏。

(3)在测距方向上不应有其他的反光物体(如其他棱镜、水银镜面、玻璃等),以免影响测距成果。

(4)不能把望远镜对向太阳或其他强光,在测程较大、阳光较强时要给全站仪和棱镜分别打伞。

(5)连接及去掉外接电源时应在教师指导下进行,以免损坏插头。

(6)全站仪的电池在充电前须先放电,充电时间也不能过长,否则会使电池容量减小,寿命缩短。

(7)电池应在常温下保存,长期不用时应每隔 3~4 个月充电一次。

(8)外业工作时应备好外接电源,以防电池不够用。

实训十四　已知高程测设

一、目的与要求

(1)掌握高程测设的一般方法。

(2)要求测设误差不大于 1cm。

二、仪器工具

(1)由仪器室借领:水准仪 1 台,水准尺 1 根,木桩若干个,榔头 1 把,测伞 1 把,记录板 1 块,皮尺 1 把。

(2)自备:铅笔、计算器。

三、方法与步骤

测设已知高程 H_A 的步骤如下:

(1)在水准点 BM_1 与待测高程点 A(打一木桩)之间安置水准仪,读取 BM_1 点的后视读数 a,根据水准点 BM_1 的高程 H_1 和待测高程 H_A,计算出 A 点的前视读数 $b=H_1+a-H_A$。

(2)使水准尺紧贴 A 点木桩侧面上、下移动,当视线水平,中丝对准尺上读取读数为 b 时,沿尺底在木桩上画线,画线处即为测设的高程位置。如图 2-14-1 所示。

(3)重新测定上述尺底线的高程,检查误差是否超限。将测得的数据记入表 2-14-1 中。

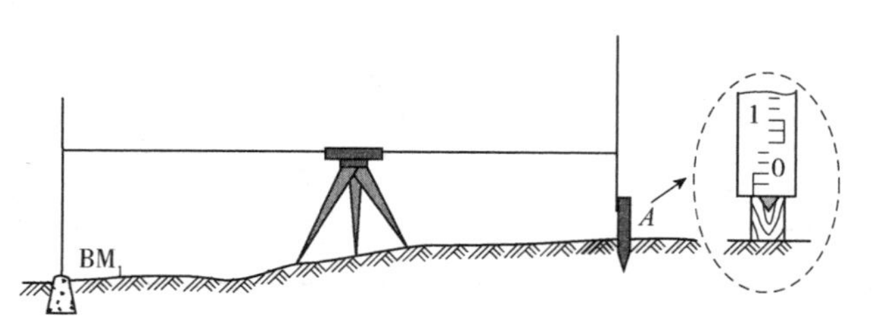

图 2-14-1　高程测设

四、注意事项

(1)已知高程的测设,是根据施工现场已有的水准点将设计高程在实地标定出来。它与水准测量不同之处在于它不是测定两固定点之间的高差,而是根据一个已知高程的水准点,测设设计所给定点的高程。

(2)当视线水平,水准尺紧贴 A 点木桩侧面上、下移动时,中丝却始终无法在水准尺上读取读数 b 时,则只需把水准尺立在 A 点木桩顶上,直接读取一个中丝读数 $b_{读}$,然后计算出其与应有读数 b 的差值 $\Delta b=b-b_{读}$,若 $\Delta b>0$,则说明待定点的设计高程距离桩面向下挖 Δb 米,若 $\Delta b<0$,则说明待定点的设计高程距离桩面应向上填 Δb 米。并在木桩的侧面用箭头标好向上填或向下挖的数值 Δb。

高程测设数据记录表 表 2-14-1

日期： 天气： 小组： 仪器型号：

1.测设高程(m)				
水准点高程	后视读数	视线高程	设计高程	前视应读数

2.高程检测					
点号	后视读数	前视读数	高差(m)	高程(m)	备注

1.测设高程(m)				
水准点高程	后视读数	视线高程	设计高程	前视应读数

2.高程检测					
点号	后视读数	前视读数	高差(m)	高程(m)	备注

1.测设高程(m)				
水准点高程	后视读数	视线高程	设计高程	前视应读数

2.高程检测					
点号	后视读数	前视读数	高差(m)	高程(m)	备注

实训十五　全站仪三维坐标放样

一、目的与要求

(1)熟悉全站仪的基本操作。

(2)掌握极坐标法测设点平面位置的方法。

(3)要求每组用极坐标法放样至少4个点。

二、仪器工具

每组全站仪1台、棱镜2个、对中杆1个、钢卷尺1把、记录板1个。

三、方法与步骤

1.测设元素计算

如图2-15-1所示,A、B为地面控制点,现欲测设房角点P,则首先根据下面的公式计算测设数据:

(1)计算AB、AP边的坐标方位角:

$$\alpha_{AB} = \arctan \frac{\Delta y_{AB}}{\Delta x_{AB}}$$

$$\alpha_{AP} = \arctan \frac{\Delta y_{AP}}{\Delta x_{AP}}$$

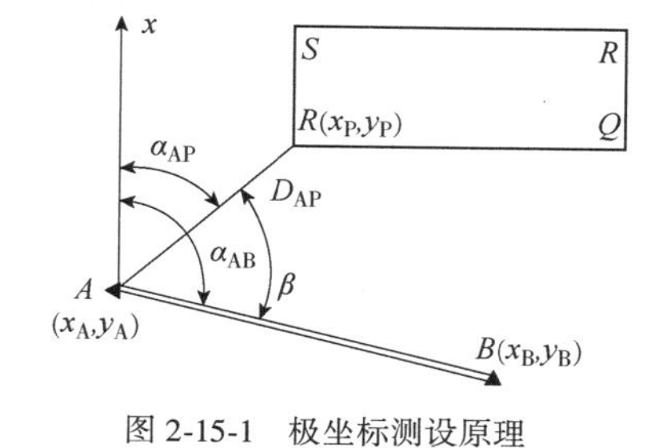

图2-15-1　极坐标测设原理

(2)计算AP与AB之间的夹角:$\beta = \alpha_{AB} - \alpha_{AP}$

(3)计算A、P两点间的水平距离:

$$D_{AP} = \sqrt{(x_P - x_A)^2 + (y_P - y_A)^2} = \sqrt{\Delta x_{AP}^2 + \Delta y_{AP}^2}$$

注:以上计算可由全站仪内置程序自动进行。

2.实地测设

(1)仪器安置:在A点安置全站仪,对中、整平。

(2)定向:在B点安置棱镜,用全站仪照准B点棱镜,拧紧水平制动和竖直制动。

(3)数据输入:把控制点A、B和待测点P的坐标分别输入全站仪。全站仪便可根据内置程序计算出测设数据D及β,并显示在屏幕上。

(4)测设:把仪器的水平度盘读数拨转至已知方向β上,拿棱镜的同学在已知方向线上在待定点P的大概位置立好棱镜,观测仪器的同学立刻便可测出目前点位与正确点位的偏差值ΔD及$\Delta\beta$(仪器自动显示),然后根据其大小指挥拿棱镜的同学调整其位置,直至观测的结果恰好等于计算得到的D和β,或者当ΔD及$\Delta\beta$为一微小量(在规定的误差范围内)时方可。测设的相关数据填入表2-15-1中。

全站仪三维坐标放样记录表 表 2-15-1

日期:______年____月____日 天气:________ 仪器型号:____________ 组号:________

观测者:________________记录者:________________立棱镜者:________

已知:测站点______的三维坐标 $X=$________ m,$Y=$________ m,$H=$________ m

定向点________的三维坐标 $X=$________ m,$Y=$________ m,$H=$________ m

量得:测站仪器高=________ m,前视点________的棱镜高=________ m

测站点/定向点	测设点	测设元素	待测点三维坐标			备注
			X	Y	H	
		$D=$				
		$\beta=$				
		$D=$				
		$\beta=$				
		$D=$				
		$\beta=$				
		$D=$				
		$\beta=$				
	测设点		检核测出的测设点坐标			备注
			X	Y	H	
——						
	测设点		设计坐标与测设坐标的差值			
			ΔX	ΔY	ΔH	

四、注意事项

(1)不同厂家生产的全站仪在数据输入、测设过程中的某些操作可能会稍不一样,实际工作中应仔细阅读说明书。

(2)在实训过程中,测设点的位置是由粗到细的过程,要求同学在实训过程中应有耐心,相互配合。

(3)测设出待定点后,应用坐标测量法测出该点坐标,与设计坐标进行检核。

(4)实训过程中应注意保护仪器和棱镜的安全,观测的同学不应擅自离开仪器。

实训十六　线路纵断面测量

一、目的与要求

(1)熟悉水准仪的使用。

(2)掌握线路纵断面测量方法。

(3)掌握纵断面图的绘制方法。

(4)要求每组完成长约 100m 的线路纵断面测量。

二、仪器工具

(1)由仪器室借领:水准仪 1 台、水准尺 2 根、尺垫 2 个、皮尺 1 把、木桩若干个、榔头 1 把、记录板 1 块、测伞 1 把。

(2)自备:铅笔、计算器、直尺、格网绘图纸一张。

三、方法与步骤

1.准备工作

(1)指导教师现场讲解测量过程、方法及注意事项。

(2)在给定区域,选定一条长约 100m 的路线,在两端点钉木桩。用皮尺量距,每 10m 处钉一中桩,并在坡度及方向变化处钉加桩,在木桩侧面标注桩号。起点桩桩号为 0+000,如图 2-16-1 所示。

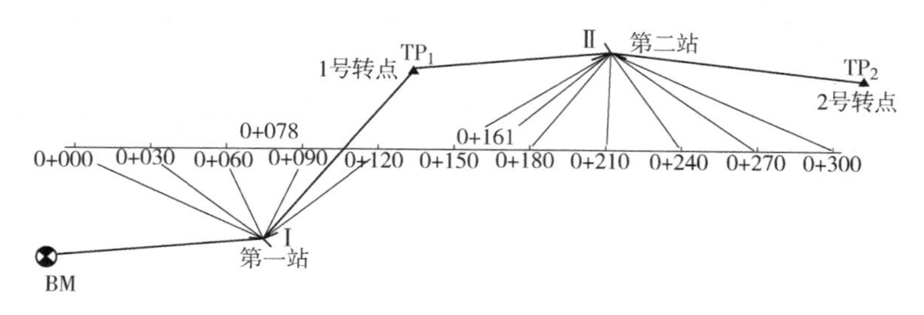

图 2-16-1　纵断面测量

2.纵断面测量

(1)水准仪安置在起点桩与第一转点间适当位置作为第一站(Ⅰ),瞄准(后视)立在附近水准点 BM 上的水准尺,读取后视读数 a(读至毫米),填入记录表格,计算第一站视线高 H_{I}($=H_{\mathrm{BM}}+a$)。

(2)统筹兼顾整个测量过程,选择前视方向上的第一个转点 TP_1,瞄准(前视)立在转点 TP_1 上的水准尺,读取前视读数 b(读至毫米),填入记录表格,计算转点 TP_1 的高程($H_{\mathrm{TP}_1}=H_{\mathrm{I}}-b$)。

(3)再依此瞄准(中视)本站所能测到的立在各中桩及加桩上的水准尺,读取中视读数 S_i(读至厘米),填入记录表格,利用视线高计算中桩及加桩的高程($H_i=H_{\mathrm{I}}-S_i$)。

(4)仪器搬至第二站(Ⅱ),选择第二站前视方向上的2号转点TP_2。仪器安置好后,瞄准(后视)TP_1上的水准尺,读数,记录,计算第二站视线高H_{II};观测前视TP_2上的水准尺,读数,记录并计算2号转点TP_2的高程H_{TP_2}。同法继续进行观测,直至线路终点。

(5)为了进行检核,可由线路终点返测至已知水准点,此时不需观测各中间点。

注意把观测的数据填入表2-16-1中。

线路中桩纵断面测量外业记录表 表2-16-1

日期:______年____月____日 天气:________ 仪器型号:________________组号:________

观测者:__________________记录者:__________________司尺者:____________

测点及桩号	水准尺读数(m)			视高线(m)	高程(m)
	后视	中视	前视		

3.纵断面图的绘制

外业测量完成后,可在室内进行纵断面图的绘制。纵断面图:水平距离比例尺可取为1∶1000,高程比例尺可取为1∶100。纵断面图绘制在格网纸上。

四、注意事项

(1)纵断面测量要注意前进的方向。

(2)中间视因无检核条件,所以读数与计算时,要认真细致,互相核准,避免出错。

(3)线路往、返测量高差闭合差的限差应按普通水准测量的要求计算,$f_{h容} = \pm 12\sqrt{n}$,其中n为测站数。超限应重新测量。

实训十七　线路横断面测量

一、目的与要求

(1)熟悉水准仪的使用。

(2)掌握线路横断面测量方法。

(3)掌握横断面图的绘制方法。

(4)要求每组完成长约100m的线路横断面测量任务。

二、仪器工具

(1)由仪器室借领:水准仪1台、水准尺2根、尺垫2个、皮尺1把、花杆2根、方向架1个、榔头1把、木桩若干个、记录板1块、测伞1把。

(2)自备:铅笔、计算器、直尺、格网绘图纸一张。

三、方法与步骤

1.准备工作

(1)指导教师现场讲解测量过程、方法及注意事项。

(2)在给定区域,选定一条长约100m的路线,在两端点钉木桩。用皮尺量距,每10m处钉一中桩,并在坡度及方向变化处钉加桩,在木桩侧面标注桩号。起点桩桩号为0+000。

2.横断面测量

首先,在里程桩上,用方向架确定线路的垂直方向,如图2-17-1所示。然后在中桩附近选一点架设水准仪,以中桩为后视点,在垂直中线的左右两侧20m范围内坡度变化处立前视尺,如图2-17-2所示,读数(读至厘米即可)、记录,中桩至左、右两侧各坡度变化点的距离用皮尺丈量,读至分米。最后将数据填入表2-17-1所示的横断面测量记录表中。

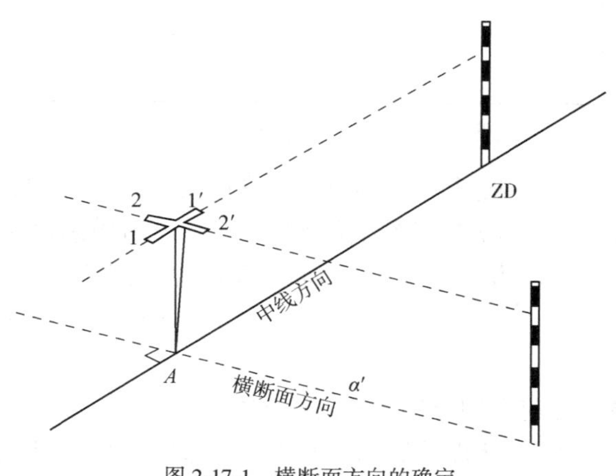

图2-17-1　横断面方向的确定

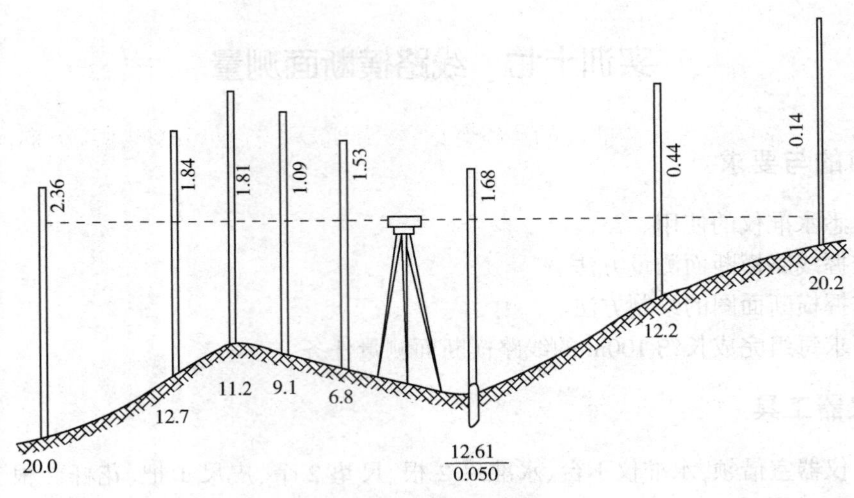

图 2-17-2 水准仪法横断面测量

线路中桩横断面测量外业记录表 表 2-17-1

日期:______年____月____日 天气:________ 仪器型号:______________ 组号:________

左 侧(m)	桩号	右 侧(m)
… … … … 高差/平距差		高差/平距差 … … … …

观测者:____________ 记录者:____________ 司尺者:____________

外业测量完成后,可在室内进行横断面图的绘制。绘图时一般先将中桩标在图中央,再分左右侧按平距为横轴,高差为纵轴,展出各个变坡点。绘出横断面图。水平距离比例尺可取为 1∶100,高程比例尺可取为 1∶50。横断面图绘制在格网纸上。

四、注意事项

(1)横断面测量要注意前进的方向及前进方向的左右。

(2)中间视因无检核条件,所以读数与计算时,要认真细致,互相核准,避免出错。

(3)横断面水准测量与横断面绘制,应按线路延伸方向划定左右方向,切勿弄错,横断面图绘制最好在现场绘制。

(4)横断面测量的方法很多,除了本次实训的水准仪法外,还可采用花杆皮尺法、经纬仪法等。

(5)曲线的横断面方向为曲线的法线方向,或者说是中桩点切线的垂线方向。具体确定方法可参考教材。

实训十八　圆曲线主点测设

一、目的与要求

(1)掌握圆曲线主点里程的计算方法。

(2)掌握圆曲线主点的测设方法与测设过程。

二、仪器工具

(1)由仪器室借领:经纬仪1台、木桩3个、测钎3个、皮尺1把、记录板1块、测伞1把。

(2)自备:计算器、铅笔、小刀、计算用纸。

三、方法与步骤

(1)在平坦地区定出路线导线的三个交点(JD_1、JD_2、JD_3),如图2-18-1所示,并在所选点上用木桩标定其位置。导线边长要大于30m,目估右转角$\beta_{右}<145°$。

(2)在交点JD_2上安置经纬仪,用测回法观测出$\beta_{右}$,并计算出右转角$\alpha_{右}$。

$$\alpha_{右}=180°-\beta_{右}$$

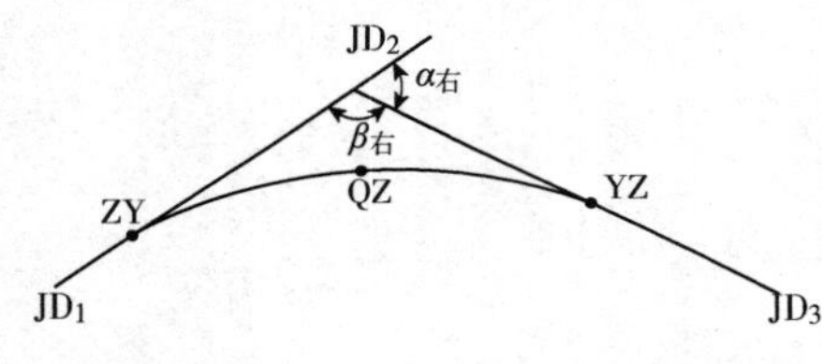

图2-18-1　圆曲线主点测试

(3)假定圆曲线半径$R=100$m,然后根据R和$\alpha_{右}$,计算曲线测设元素L、T、E、D。计算公式如下:

切线长　$$T=R\tan\frac{\alpha}{2}$$

曲线长　$$L=R\alpha\frac{\pi}{180°}$$

外距　$$E=R\left(\sec\frac{\alpha}{2}-1\right)$$

切曲差　$$D=2T-L$$

(4)计算圆曲线主点的里程(假定JD_2的里程为K2+300.00)。计算列表如下:

$$\begin{array}{ll}
JD_2 & K2+300.00 \\
\underline{-)\quad} & \underline{T\qquad\qquad} \\
 & ZY \\
\underline{+)\quad} & \underline{L\qquad\qquad} \\
 & YZ \\
\underline{-)\quad} & \underline{L/2\qquad\qquad} \\
 & QZ \\
\underline{+)\quad} & \underline{D/2\qquad\qquad} \\
JD_2 & K2+300.00 \quad (检核计算)
\end{array}$$

(5)测设圆曲线主点:

①在JD_2上安置经纬仪,对中、整平后照准JD_1上的测量标志。

②在 JD_2—JD_1 方向线上，自 JD_2 量取切线长 T，得圆曲线起点 ZY，插一测钎，作为起点桩。

③转动经纬仪并照准 JD_3 上的测量标志，拧紧水平和竖直制动螺旋。

④在 JD_2—JD_3 方向线上，自 JD_2 量取切线长 T，得圆曲线终点 YZ，插一测钎，作为终点桩。

⑤用经纬仪设置 $\beta_{右}/2$ 的方向线，即 $\beta_{右}$ 的角平分线。在此角平分线上自 JD_2 量取外距 E，得圆曲线中点 QZ，插一测钎，作为中点桩。

(6)站在曲线内侧观察 ZY、QZ、YZ 桩是否有圆曲线的线形，以作为概略检核。

(7)小组成员相互交换工种后再重复(1)、(2)、(3)的步骤，看两次设置的主点位置是否重合。如果不重合，而且差得太大，那就要查找原因，重新测设。如在容许范围内，则点位即可确定。

注意把计算的测设数据填入表 2-18-1 中。

圆曲线主点测设数据记录表 表 2-18-1

日期：________ 班级：________ 组别：________ 观测者：________ 记录者：________

<table>
<tr><td>交点号</td><td colspan="3"></td><td>交点里程</td><td colspan="2"></td></tr>
<tr><td rowspan="5">转角观测结果</td><td>盘位</td><td>目标</td><td>水平度盘读数</td><td>半测回右角值</td><td>右角</td><td>转角</td></tr>
<tr><td rowspan="2">盘左</td><td></td><td></td><td rowspan="2"></td><td rowspan="4"></td><td rowspan="4"></td></tr>
<tr><td></td><td></td></tr>
<tr><td rowspan="2">盘右</td><td></td><td></td><td rowspan="2"></td></tr>
<tr><td></td><td></td></tr>
<tr><td>曲线元素</td><td colspan="6">R(半径)= T(切线长)= E(外距)=
α(转角)= L(曲线长)= D(超距)=</td></tr>
<tr><td>主点里程</td><td colspan="6">ZY 桩号： QZ 桩号： YZ 桩号：</td></tr>
<tr><td rowspan="2">主点测设方法</td><td colspan="3">测设草图</td><td colspan="3">测设方法</td></tr>
<tr><td colspan="3"></td><td colspan="3"></td></tr>
<tr><td>备注</td><td colspan="6"></td></tr>
</table>

四、注意事项

(1)计算主点里程时要两人独立计算，加强校核，以防算错。

(2)本次实训事项较多，小组人员要紧密配合，保证实训顺利完成。

实训十九　偏角法圆曲线详细测设

一、目的与要求

(1)掌握用偏角法详细测设圆曲线时测设元素的计算方法。

(2)掌握用偏角法进行圆曲线详细测设的方法和步骤。

(3)要求各小组成员在实训过程中要交换工种。

二、仪器工具

(1)由仪器室借领：经纬仪 1 台、木桩若干个、测钎 3 个、皮尺 1 把、记录板 1 块、测伞 1 把。

(2)自备：计算器、铅笔、小刀、计算用纸。

三、方法与步骤

1.测设原理

偏角法测设的实质就是角度与距离的交会法，它是以曲线起点 ZY 或曲线终点 YZ 至曲线上任一点 P_i 的弦长与切线 T 之间的弦切角 Δ_i(即偏角)和相邻点间的弦长 c_i 来确定 P_i 点的位置。如图 2-19-1 所示。偏角法测设的关键是偏角计算及测站点仪器定向。偏角及弦长的计算公式如下：

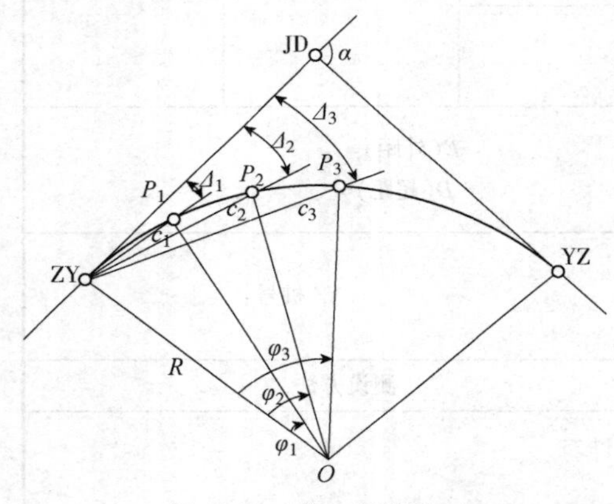

图 2-19-1　偏角法测设原理

$$\Delta_i = \frac{l_i}{2R} \cdot \frac{180°}{\pi} \qquad c_i = 2R\sin\frac{\varphi_i}{2}$$

其中弦长与其对应圆弧的弧弦差为：

$$\delta_i = l_i - c_i = \frac{l_i^3}{24R^2}$$

由上式可知，圆曲线半径越大，其弧弦差越小。因此，当圆曲线半径较大时，且相邻两点间的距离不超过 20m 时，可用弧长代替相应的弦长，其代替误差远小于测设误差。

2.测设方法

圆曲线详细测设前首先应把圆曲线主点测设出来，在此基础上再进行详细测设。

偏角法详细测设圆曲线又分为长弦法和短弦法。如图 2-19-1 所示，若在 ZY 点架设仪器，长弦法即在用仪器根据偏角标出了每个点的方向后，都是以 ZY 点为起点量取其弦长 c_i 与视线的交点定出待定点的。长弦法测设出的各点没有误差积累问题。短弦法则是在用仪器根据偏角标出了每个点的方向后，是以前一个测设出的曲线点为起点量取整桩间距 c_0 与视线的交点来定出待定点的，所以短弦法存在误差积累问题。下面以短弦法为例说明测设步骤：

(1)根据本次实训给定的数据计算出测设元素,并填入表 2-19-1 中。

偏角法详细测设圆曲线数据记录表 表 2-19-1

日期:________ 班级:________ 组别:________ 观测者:________ 记录者:________

桩号	各桩至起点(ZY 或 YZ)的曲线长度 l_i(m)	偏角值 Δ_i (° ′ ″)	偏角读数(水平度盘读数)(° ′ ″)	相邻桩间弧长(m)	相邻桩间弦长(m)
略图					

计算: 检核:

(2)在圆曲线起点 ZY 点安置经纬仪,对中、整平。

(3)转动照准部,瞄准交点 JD(即切线方向),并转动变换手轮,将水平度盘读数配置为 0°00′00″。

(4)根据计算出的第一点的偏角值 Δ_1转动照准部,转动照准部时要注意转动的方向,当路线是图 2-19-1 所示右转时,则顺时针转动照准部直至水平度盘读数为 Δ_1(此时称为正拨);当路线是左转时,则逆时针转动照准部直至水平度盘读数为 $360°-\Delta_1$(此时称为反拨)。然后以 ZY 为起点,在望远镜视线方向上量出第一段相应的弦长 c_1定出第一点 P_1并打桩。

(5)根据第二个偏角值的大小 Δ_2转动照准部,定出偏角方向。再以 P_1为圆心,以 c_0(整桩间距)为半径画圆弧,与视线方向相交得出第二点 P_2,设桩。

(6)按照上一步的方法,依次定出曲线上各个整桩点点位,直至曲中点 QZ,若通视条件好,可一直测至 YZ 点。

四、注意事项

(1)本次实训是在实训七的基础上进行的,所以在进行本实训前对实训七的实训方法及步骤应非常熟悉和了解。

(2)计算定向后视读数时先画出草图,以便认清几何关系,防止计算错误。

(3)注意偏角方向,区分正拨和反拨。

(4)中线桩以板桩标定,上书里程,面向线路起点方向。

(5)偏角法进行圆曲线详细测设也可从圆直点 YZ 开始,以同样的方法进行测设。但要注意偏角的拨转方向及水平度盘读数,与上半条曲线是相反的。

(6)偏角法测设时,拉距是从前一曲线点开始,必须以对应的弦长为直径画圆弧,与视线方向相交,获得该点。

(7)由于偏角法存在测点误差累积的缺点,因此一般由曲线两端的 ZY、YZ 点分别向 QZ 点施测。

五、实训数据

已知圆曲线的半径 $R=200$m,转角如图 2-19-2 所示,交点 JD 里程为 K10+110.88m,试按每 10m 一个整桩号,来阐述该圆曲线的主点及偏角法整桩号详细测设的步骤。

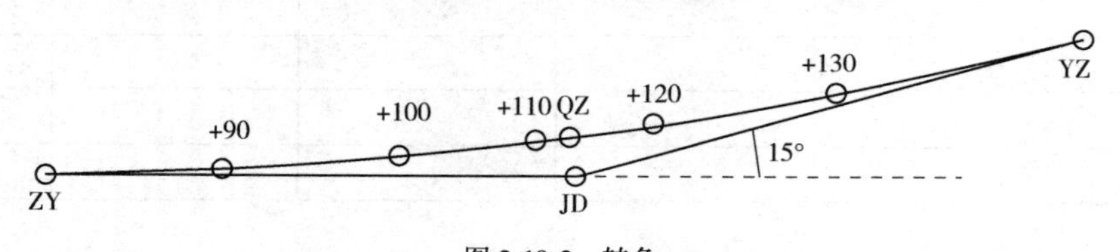

图 2-19-2　转角

实训二十　切线支距法圆曲线详细测设

一、目的与要求

(1)学会用切线支距法详细测设圆曲线。

(2)掌握切线支距法测设数据的计算及测设过程。

二、设备工具

(1)由仪器室借领:经纬仪 1 台、皮尺 1 把、小目标架 3 根、测钎若干个、方向架 1 个、记录板 1 块。

(2)自备:计算器、铅笔、小刀、记录计算用纸。

三、方法与步骤

1.切线支距法原理

切线支距法是以曲线起点 YZ 或终点 ZY 为坐标原点,以切线为 X 轴,以过原点的半径为 Y 轴,根据曲线上各点的坐标(X,Y)进行测设,故又称直角坐标法。如图 1-20-1 所示,设 P_1、P_2……为曲线上的待测点,l_i为它们的桩距(弧长),其所对的圆心角为 φ_i,由图可以看出测设元素可由下式计算:

$$x = R\sin\varphi$$

$$y = R(1 - \cos\varphi)$$

式中:$\varphi = \dfrac{l}{R} \cdot \dfrac{180^\circ}{\pi}$。

2.测设方法

(1)在实训前首先按照本次实训所给的数据计算出所需测设数据,并填入表 2-20-1 中。

(2)根据所算出的圆曲线主点里程测设圆曲线主点,其测设方法可参考实训十八。

(3)将经纬仪置于圆曲线起点(或终点),标定出切线方向,也可以用花杆标定切线方向。

(4)根据各里程桩点的横坐标用皮尺从曲线起点(或终点)沿切线方向量取 x_1、x_2、x_3、……,得各点垂足,并用测钎标记之,如图 2-20-1 所示。

(5)在各垂足点用方向架标定垂线,并沿此垂线方向分别量出 y_1、y_2、y_3、……,即定出曲线上 P_1、P_2、P_3、……各桩点,并用测钎标记其位置。

(6)从曲线的起(终)点分别向曲线中点测设,测设完毕后,用丈量所定各点间弦长来校核其位置是否正确。也可用弦线偏距法进行校核。

切线支距法详细测设圆曲线数据记录表　　表 2-20-1

日期:________　班级:　组别:　观测者:________　记录者:________

<table>
<tr><td colspan="2">交点号</td><td colspan="3"></td><td colspan="3">交点里程</td></tr>
<tr><td rowspan="5">转角观测结果</td><td>盘位</td><td>目标</td><td>水平度盘读数</td><td>半测回右角值</td><td>右角</td><td colspan="2">转角</td></tr>
<tr><td rowspan="2">盘左</td><td></td><td></td><td rowspan="2"></td><td rowspan="4"></td><td rowspan="4" colspan="2"></td></tr>
<tr><td></td><td></td></tr>
<tr><td rowspan="2">盘右</td><td></td><td></td><td rowspan="2"></td></tr>
<tr><td></td><td></td></tr>
<tr><td>曲线元素</td><td colspan="7">R(半径)=　　T(切线长)=　　E(外距)=
α(转角)=　　L(曲线长)=　　D(超距)=</td></tr>
<tr><td>主点里程</td><td colspan="7">ZY 桩号:　　QZ 桩号:　　YZ 桩号:</td></tr>
<tr><td rowspan="12">各中桩的测设数据</td><td>桩号</td><td>曲线长</td><td>x</td><td>y</td><td colspan="3">备注</td></tr>
<tr><td></td><td></td><td></td><td></td><td rowspan="11" colspan="3"></td></tr>
<tr><td></td><td></td><td></td><td></td></tr>
<tr><td></td><td></td><td></td><td></td></tr>
<tr><td></td><td></td><td></td><td></td></tr>
<tr><td></td><td></td><td></td><td></td></tr>
<tr><td></td><td></td><td></td><td></td></tr>
<tr><td></td><td></td><td></td><td></td></tr>
<tr><td></td><td></td><td></td><td></td></tr>
<tr><td></td><td></td><td></td><td></td></tr>
<tr><td></td><td></td><td></td><td></td></tr>
<tr><td></td><td></td><td></td><td></td></tr>
<tr><td colspan="8">略图</td></tr>
</table>

计算:　　检核:

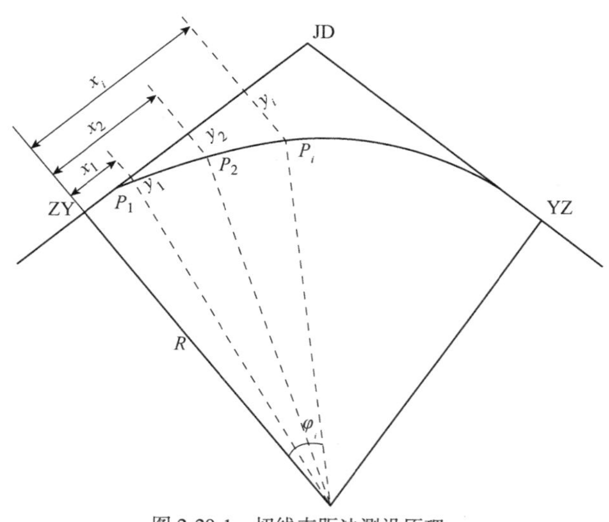

图 2-20-1　切线支距法测设原理

四、注意事项

（1）本次实训是在实训十八的基础上进行的，所以对实训十八的方法及要领要了如指掌。

（2）应在实训前将实例的全部测设数据计算出来，不要在实训中边算边测，以防时间不够或出错。（如时间允许，也可不用实例，直接在现场测定右角后进行圆曲线的详细测设。）

五、实例

已知：圆曲线的半径 $R = 100\text{m}$，转角 $\alpha_{右} = 34°30'$，JD_2的里程为 K4 + 296.67，桩距 $l_0 = 10\text{m}$，按整桩距法设桩，试计算各桩点的坐标(x,y)，并详细设置此圆曲线。

（1）草图：如图 2-20-2 所示。

转角号：JD_2，K4 + 296.67。

导线右侧角值：145°30′。

转角：向右，34°30′。

R（半径）= 100m，T（切线长）=　　　m，E（外距）=　　　m，L（曲线长）=　　　m。

（2）填写表 2-20-2（现场直接测定右角时用）。

现 场 记 录　　　　表 2-20-2

观　测　点	盘 左 读 数	盘 右 读 数
JD_1		
JD_3		
半测回角值		

续表

观　测　点	盘 左 读 数	盘 右 读 数
测回角值（右角）		

（3）计算主点里程。

$$
\begin{array}{ll}
JD_2 & K4+296.67 \\
\underline{-)\quad T} & \\
 & ZY \\
\underline{+)\quad L} & \\
 & YZ \\
\underline{-)\quad L/2} & \\
 & QZ \\
\underline{+)\quad D/2} & \\
JD_2 & K4+296.67 \quad \text{（校核计算）}
\end{array}
$$

（4）按整桩距法计算各桩点的坐标（x,y）。

（5）标定 JD_2，并在其上安置经纬仪，再选定 JD_1，用经纬仪设置 $\alpha_{右}=34°30'$，标定 JD_3。

（6）进行圆曲线主点测设，参见实训十八。

（7）用切线支距法详细测设圆曲线，参见本次实训方法与步骤。

（8）绘制测设草图。

第三部分　集中实训部分

大比例尺地形图测绘

一、实训内容

内容包括：准备工作，控制测量，碎部测量，地形图的拼接、检查和整饰。

1.准备工作

准备工作的好坏是关系到测量教学实训是否能够顺利进行的关键条件之一，因此，应注意做好准备工作，为测量教学实训打好基础。准备工作主要指测区准备、仪器准备以及其他准备。测区准备一般在先期由教师进行。

2.控制测量

根据测量工作的组织程序和原则可知，进行任何一项测量工作都要首先进行整体布置，然后再分区、分期、分批实施。即首先建立平面和高程控制网，在此基础上进行碎部测量及其他测量工作。对控制网进行布设、观测、计算，确定控制点的位置的工作称为控制测量。在测量教学实训中的控制测量工作主要有：图根平面控制测量，图根高程控制测量。

3.碎部测量

碎部测量是测量教学实训的中心工作。通过碎部测量，把测定的碎部点人工展绘在图纸上，称为白纸测图。将碎部测量结果自动储存在计算机内，根据测站坐标及野外测量数据计算出碎部点坐标，利用计算机绘制地形图，即数字化测图。这两种方法都是测量教学实训中使用的主要的碎部测量方法。

4.地形图的拼接、检查和整饰

当测区面积较大，采用分幅测图时就需要进行图纸的拼接。拼接工作在相邻的图幅间进行，其目的是检查或消除因测量误差和绘图误差引起的、相邻图幅衔接处的地形偏差。如果实训属无图拼接，则可不进行此项工作。

为确保地形图的质量，在碎部测量完成后，需要对成图质量进行一次全面检查，分室内检查和室外检查两项。

以上工作全部完成后，按照大比例尺地形图规定的符号及格式，用铅笔对原图进行整饰，要求达到真实、准确、清晰、美观。

二、实训成果整理、技术总结和考核

在实训过程中，所有外业观测数据必须记在测量手簿（规定的表格）上，如遇测错、记错或超限应按规定的方法改正；内业计算也应在规定的表格上进行。全部实训结束时，还要对测量实训编写技术总结报告。因此，在实训过程中应注意做好实训日志，为成果整理做好准

备。实训成果由个人成果和小组成果构成。个人实训成果有:实训日志、心得体会;小组成果有:仪器检校成果,控制测量观测记录手簿,成果计算表,碎部测量记录手簿,1∶500比例尺地形图。

测量教学实训作为一门独立课程占有2个学分,故在实训结束后,应立即进行实训考核。考核的依据是:实训中的思想表现,出勤情况,对测量学知识的掌握程度,实际作业技能的熟练程度,分析问题和解决问题的能力,完成任务的质量,所交成果资料及仪器工具爱护的情况,实训报告的编写水平等方面。成绩评定按百分计。

三、测量教学实训的程序和进度

测量教学实训的程序和进度应依据实际情况制定。既要保证在规定的时间内完成测量实训任务,又要注意保质保量地做好每一环节的工作,在实施中遇到雨、雪天气时,还要做到灵活调整,以使测量教学实训能够顺利进行。实训的程序和进度可参照表3-0-1安排。

测量教学实训程序进度表　　表3-0-1

实训项目	时间(d)	任务与要求
准备工作	1	实训动员、布置任务; 设备及资料领取; 仪器、工具的检验与校正
图根控制测量	3	测区踏勘、选点(布设控制点); 水平角测量; 边长测量; 高程测量; 控制测量内业计算
地形图测绘	5	图纸准备; 碎部测量; 地形图的拼接、检查及整饰
实训总结及考核	1	编写实训技术总结报告; 考核:动手操作测试、口试
实训结束工作	1	仪器归还、成果上交
合计	11(两周)	

四、测量教学实训的准备工作

1.测区的准备

测区的准备一般在测量实训之前由教师先行实施。

2.测量实训动员

实训动员是测量教学实训的一个重要环节。因此,在进入实训场地前,应进行思想发动,对各项工作都必须做系统、充分的安排。首先,在思想认识上让学生明确实训的重要性和必要性。第二,提出实训的任务和计划并布置任务,宣布实训组织结构、分组名单,让学生明确这次实训的任务和安排。第三,对实训的纪律做出要求,明确请假制度,清楚作息时间,建立考核制度。在动员中,要说明仪器、工具的借领方法和损耗赔偿规定。指出实训注意事项,特别是注意人身和仪器设备的安全,以保证实训的顺利进行。

3.测量实训仪器和工具的准备

1)测量实训仪器和工具的领取

在测量教学实训中,要做各种测量工作,不同的工作往往需要使用不同的仪器。测量小组可根据测量方法配备仪器和工具。

在进行图根控制测量时,图根控制网采用经纬仪导线或经纬仪红外测距导线,以使同学们全面掌握导线测量的各个环节。碎部测量时,用经纬仪测图法。表 3-0-2、表 3-0-3 给出了测量实训中一个小组需使用的仪器的参考清单。

经纬仪导线测量设备一览表

表 3-0-2

仪器及工具	数　　量	用　　途	备　　注
控制点资料	1 套	已知数据	
木桩、小钉	各约 15 个	图根点的标志	自备
斧头	1 把	钉桩	
红油漆	0.1 升	标志点位	自备
毛笔	1 支	画标志	自备
水准仪及脚架	1 套	水准测量	
水准尺	1 根	水准测量	
尺垫	1 个	水准测量	
经纬仪及脚架	1 套	水平角测量	
标杆	2 根	水平角及距离测量	
测钎	1 套	水平角及距离测量	
钢尺	1 把	距离测量	
记录板	1 块	记录	
记录、计算用品	1 套	记录及计算	自备

经纬仪测图设备一览表

表 3-0-3

仪器及工具	数　　量	用　　途	备　　注
图纸(50cm×50cm)	1 张	地形图测绘底图	自备
经纬仪及脚架	1 套	碎部测量	
皮尺	1 把	量距、量仪器高	
水准尺	1 根	碎部测量	
斧子、小钉	1 把、若干	支点	
记录用品	1 套	记录及计算	
平板带脚架	1 套	绘图	
量角器	1 个	绘图	
三角板	1 套	绘图	自备
记录板	1 块	记录	自备
50cm 直尺或丁字尺	1 根	绘制方格网	自备
科学计算器	1 个	计算	自备
铅笔、像皮、小刀、胶带纸、小针、草图纸	若干	地形图测绘及整饰	自备

2)测量仪器检验与校正

借领仪器后,首先应认真对照清单仔细清点仪器和工具的数量,核对编号,发现问题及时提出解决。然后对仪器进行检查。

(1)仪器的一般性检查

①仪器检查。

仪器应表面无碰伤,盖板及部件结合整齐,密封性好;仪器与三脚架连接稳固无松动。

仪器转动灵活,制、微动螺旋工作良好。

水准器状态良好。

望远镜对光清晰、目镜调焦螺旋使用正常。

读数窗成像清晰。

②三脚架检查。

三脚架是否伸缩灵活自如;脚架紧固螺旋功能正常。

③水准尺检查。

水准尺尺身平直;水准尺尺面分划清晰。

(2)仪器的检验与校正

水准仪的检验与校正可参照课间实训指导书实训三进行。

经纬仪的检验与校正可参照课间实训指导书实训八进行。

五、图根控制测量

各小组先在小组的测图范围建立图根控制网。在建立图根控制时,统一布置成闭合导线,局部地区可设几条支导线,但一条支导线的点不应超过2个。

1.图根导线测量的外业工作

1)踏勘选点

各小组在指定测区进行踏勘,了解测区地形条件和地物分布情况,根据测区范围及测图要求确定布网方案。选点时应在相邻两点都各站一人,相互通视后方可确定点位。

选点时应注意以下几点:

(1)相邻点间通视好,地势较平坦,便于测角和量边。

(2)点位应选在土地坚实,便于保存标志和安置仪器处。

(3)视野开阔,便于进行地形、地物的碎部测量。

(4)相邻导线边的长度应大致相等。

(5)控制点应有足够的密度,分布较均匀,便于控制整个测区。

(6)各小组间的控制点应合理分布,避免互相遮挡视线。

点位选定之后,应立即做好点的标记,若在土质地面上可打铁钉作为点的标志;若在水泥等较硬的地面上可用油漆画"十"字标记。在点标记旁边的固定地物上用油漆标明导线点的位置并编写组别与点号。导线点应分等级统一编号,以便于测量资料的管理。为了使所测角既是内角也是左角,闭合导线点可按逆时针方向编号。

2)平面控制测量

(1)导线转折角测量

导线转折角是由相邻导线边构成的水平角。一般测定导线延伸方向左侧的转折角，闭合导线大多测内角。图根导线转折角可用6″级经纬仪按测回法观测一个测回。对中误差应不超过3mm，水平角上、下半测回角值之差应不超过40″，否则，应予以重新测量。图根导线角度闭合差应不超过$\pm 40'' \sqrt{n}$，n为导线的观测角度个数。

(2)边长测量

边长测量就是测量相邻导线点间的水平距离。经纬仪钢尺导线的边长测量采用钢尺量距；钢尺量距应进行往返丈量，其相对误差应不超过1/3000，高差较大地方需要进行高差的改正。由于钢尺量距一般需要进行直线定线，故可以和水平角测量同时进行，既可以用经纬仪一边进行水平角测量，又可以一边为钢尺量距进行定线。

(3)连测

为了使导线定位及获得已知坐标，需要将导线点同高级控制点(坐标已知点)进行连测。可用经纬仪按测回法观测连接角，用钢尺测距。

(4)高程控制测量

图根控制点的高程一般采用普通水准测量的方法测得，山区或丘陵地区可采用三角高程测量方法。根据高级水准点，沿各图根控制点进行水准测量，形成闭合或附合水准路线。

水准测量可用DS_3级水准仪沿路线设站单程施测，注意前后视距应尽量相等，可采用双面尺法或变动仪器高法进行观测，视线长度应不超过100m，各站所测两次高差的互差应不超过5mm，普通水准测量路线高差闭合差应不超过$40\sqrt{L}$(或$12\sqrt{N}$)，式中L为水准路线长度的公里数，N为水准路线测站总数。

2.图根导线测量的内业计算

在进行内业计算之前，应全面检查导线测量的外业记录，有无遗漏或记错，是否符合测量的限差和要求，发现问题应返工重新测量。

应使用科学计算器进行计算，特别是坐标增量计算可以采用计算器中的程序进行计算。计算时，角度值取至秒，高差、高程、改正数、长度、坐标值取至毫米。

1)导线点坐标计算

首先绘出导线控制网的略图，并将点名、点号、已知点坐标、边长和角度观测值标在图上。在导线计算表中进行计算，计算表格格式见成果表。具体计算步骤如下：

(1)填写已知数据及观测数据。

(2)计算角度闭合差及其限差。

闭合导线角度闭合差

$$f_\beta = \sum_{i=1}^{n}\beta - (n-2)\cdot 180^\circ$$

图根导线角度闭合差的限差$f_{\beta容} = \pm 40'' \sqrt{n}$，$n$为角度个数。

(3)计算角度改正数。

闭合导线的角度改正数

$$v_i = -\frac{f_\beta}{n}$$

(4)计算改正后的角度。

改正后角度

$$\bar{\beta}_i = \beta_i + v_i$$

(5)推算方位角。

左角推算关系式

$$\alpha_{i,i+1} = \alpha_{i-1,i} \pm 180° + \bar{\beta}_i$$

右角推算关系式

$$\alpha_{i,i+1} = \alpha_{i-1,i} \pm 180° - \bar{\beta}_i$$

(6)计算坐标增量。

纵向坐标增量

$$\Delta x_{i,i+1} = D_{i,i+1} \cdot \cos\alpha_{i,i+1}$$

横向坐标增量

$$\Delta y_{i,i+1} = D_{i,i+1} \cdot \sin\alpha_{i,i+1}$$

(7)计算坐标增量闭合差。

闭合导线坐标增量闭合差$f_x = \Sigma \Delta x, f_y = \Sigma \Delta y$

(8)计算全长闭合差及其相对误差。

导线全长闭合差$f = \sqrt{f_x^2 + f_y^2}$,导线全长相对误差$k = \frac{f}{\Sigma D} = \frac{1}{\Sigma D/f}$

图根导线全长相对误差的限差$k_{容} = 1/2000$

(9)精度满足要求后,计算坐标增量改正数。

纵向坐标增量改正数

$$v_{\Delta x_{i,i+1}} = -\frac{f_x}{\Sigma D} D_{i,i+1}$$

横向坐标增量改正数

$$v_{\Delta y_{i,i+1}} = -\frac{f_y}{\Sigma D} D_{i,i+1}$$

(10)计算改正后坐标增量。

改正后纵向坐标增量

$$\overline{\Delta x}_{i,i+1} = \Delta x_{i,i+1} + v_{\Delta x_{i,i+1}}$$

改正后横向坐标增量

$$\overline{\Delta y}_{i,i+1} = \Delta y_{i,i+1} + v_{\Delta y_{i,i+1}}$$

(11)计算导线点的坐标。

纵坐标

$$x_{i+1} = x_i + \overline{\Delta x}_{i,i+1}$$

横坐标

$$y_{i+1} = y_i + \overline{\Delta y}_{i,i+1}$$

2)高程计算

先画出水准路线图,并将点号、起始点高程值、观测高差、测段测站数(或测段长度)标在图上。在水准测量成果计算表中进行高程计算,计算位数取至毫米位。计算表格格式见成果表。计算步骤为:

(1)填写已知数据及观测数据。

(2)计算高差闭合差及其限差。

闭合导线高差闭合差

$$f_{\mathrm{h}} = \sum h$$

附合导线高差闭合差

$$f_{\mathrm{h}} = \sum h - (H_{终} - H_{起})$$

普通水准测量高差闭合差的限差

$$f_{\mathrm{h}容} = \pm 40\sqrt{L} \quad (平地), f_{\mathrm{h}容} = \pm 12\sqrt{N} \quad (山地)$$

式中:L——水准测量路线总长 km;

N——水准测量路线测站总数;

$f_{\mathrm{h}容}$——限差(mm)。

(3)计算高差改正数。

高差改正数

$$v_{i,i+1} = -\frac{f_h}{\sum n}n_{i,i+1} \quad 或 \quad v_{i,i+1} = -\frac{f_h}{\sum l}l_{i,i+1}$$

(4)计算改正后高差。

改正后高差

$$\bar{h}_{i,i+1} = h_{i,i+1} + v_{i,i+1}$$

(5)计算图根点高程。

图根点高程

$$H_{i+1} = H_i + \bar{h}_{i,i+1}$$

六、测图前的准备工作——方格网的绘制及导线点的展绘

在白纸上,使用打磨后的5H铅笔,按对角线法绘制 10cm×10cm 坐标方格网,格网边长为 10cm,其格式可参照《地形图图式》。

坐标方格网绘制好后检查以下 3 项内容:①用直尺检查各格网交点是否在一条直线上,其偏离值应不大于 0.2mm;②用比例尺检查各方格的边长,与理论值(10cm)相比,误差应不大于 0.2mm;③用比例尺检查各方格对角线长度,与理论值(14.14cm)相比,误差应不大于 0.3mm。如果超限,应重新绘制。

坐标方格网绘制好后,擦去多余的线条,在方格网的四角及方格网边缘的方格顶点上根据图纸的分幅位置及图纸的比例尺,注明坐标,单位取至 0.1km。

在展绘图根控制点时,应首先根据控制点的坐标确定控制点所在的方格,然后用卡规再根据测图比例尺,分别量取该方格西南角点到控制点的纵、横向坐标增量;再分别以方格的西南角点及东南角点为起点,以量取的纵向坐标增量为半径,在方格的东西两条边线上截

点,以方格的西南角点及西北角点为起点,以量取的横向坐标增量为半径,在方格的南北两条边线上截点,并在对应的截点间连线,两条连线的交点即为所展控制点的位置。控制点展绘完毕后,应进行检查,用比例尺量出相邻控制点之间的距离,与所测量的实地距离相比较,差值应不大于0.3mm,如果超限,应重新展点。在控制点右侧按图式标明图根控制点的名称及高程(可参考课本第七章内容)。

方格网的绘制及导线点的展绘完成后,将展有控制点的图纸用胶带纸固定在平板上。

七、地形图测绘

各小组在完成图根控制测量全部工作以后,就可用经纬仪测绘法进入碎部测量阶段。

1.任务安排

(1)按表2-3所列项目准备仪器及工具,进行必要的检验与校正。

(2)在测站上各小组可根据实际情况,安排观测员1人,绘图员1人,记录1人,计算1人,跑尺1~2人。

(3)根据测站周围的地形情况,全组人员集体商定跑尺路线,可由近及远,再由远及近,按顺时针方向行进,合理有序,能防止漏测,保证工作效率,并方便绘图。

(4)提出对一些无法观测到的碎部点处理的方案。

2.仪器的安置

(1)在图根控制点 A(图3-0-1)上安置(对中、整平)经纬仪,量取仪器高 i,做好记录。

(2)盘左位置望远镜照准控制点 B,如图3-0-1所示,水平度盘读数配置为 $0°00'00''$,即以 AB 方向作为水平角的始方向(零方向)。

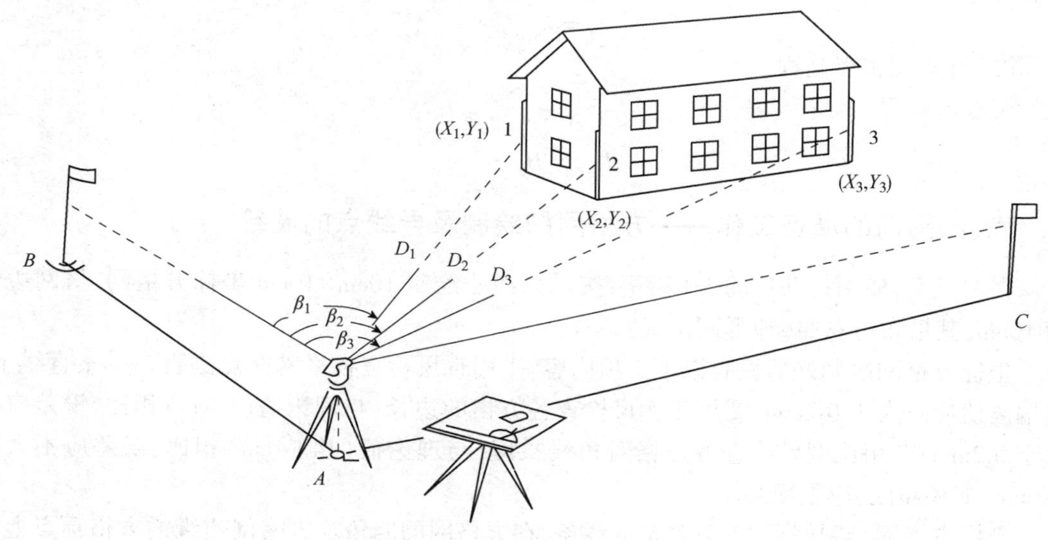

图3-0-1 经纬仪测绘法

(3)将图板固定在三脚架上,架设在测站旁边,目估定向,以便对照实地绘图。在图上绘出 AB 方向线,将小针穿过大量角器的圆心小孔,扎入图上已展出的 A 点。

(4)望远镜盘左位置瞄准控制点 C,读出水平度盘读数(读至分即可),该方向值即为

$\angle BAC$。用大量角器在图上量取$\angle BAC$,对两个角度进行对比,进行测站检查。

3.跑尺和观测

(1)跑尺员按事先商定的跑尺路线依次在碎部点上立尺。注意尺身应竖直,零点朝下。

(2)经纬仪盘左位置瞄准各碎部点上的标尺,读取水平度盘读数β;使中丝读数处在i值附近,读取下丝读数b、上丝读数a;再将中丝读数对准i值,转动竖盘指标水准管微倾螺旋,使竖盘指标水准管气泡居中,读取竖盘读数L,做好记录。

(3)计算视距尺间隔$l=b-a$,竖直角$\alpha = 90° - L$,用计算器计算出碎部点的距离$D = kl\cos^2\alpha$及碎部点的高程$H = H_A + D\tan\alpha + i - v$,将水平角度值$\beta$、距离、碎部点的高程报告给绘图员。

(4)绘图员按所测的水平角度值β,将大量角器上与β值相应的分划线位置对齐图上的AB方向线,则大量角器的直径边缘就指向碎部点方向,在该方向上根据所测距离按比例刺出碎部点,并在点的右侧标注高程。高程注记至分米,字头朝北。所有地物、地貌应在现场绘制完成。

(5)每观测20~30个碎部点后,应重新瞄准起始方向检查其变化情况,起始方向读数偏差不得超过4′。当一个测站的工作结束后,还应进行检查,在确认地物、地貌无测错或测漏时才可迁站。当仪器在下一站安置好后,还应对前一站所测的个别点进行观测,以检查前一站的观测是否有误。

4.地物、地貌的测绘

地形图应表示测量控制点、居民地和垣栅、工矿建筑物及其他设施、交通及附属设施、管线及附属设施、水系及附属设施、境界、地貌和土质、植被等各项地物、地貌要素,以及地理名称注记等。并着重显示与测图用途有关的各项要素。

地物、地貌的各项要素的表示方法和取舍原则,除应按现行国家标准地形图图式执行外,还应符合如下有关规定。

(1)测量控制点测绘

①测量控制点是测绘地形图和工程测量施工放样的主要依据,在图上应精确表示。

②各等级平面控制点、导线点、图根点、水准点,应以展点或测点位置为符号的几何中心位置,按图式规定符号表示。

(2)居民地和垣栅的测绘

①居民地的各类建筑物、构筑物及主要附属设施应准确测绘实地外围轮廓和如实反映建筑结构特征。

②房屋的轮廓应以墙基外角为准,并按建筑材料和性质分类,注记层数。1∶500与1∶1000比例尺测图,房屋应逐个表示,临时性房屋可舍去;1∶2000比例尺测图可适当综合取舍,图上宽度小于0.5mm的小巷可不表示。

③建筑物和围墙轮廓凸凹在图上小于0.4mm,简单房屋小于0.6mm时,可用直线连接。

④1∶500比例尺测图,房屋内部天井宜区分表示;1∶1000比例尺测图,图上6mm²以下的天井可不表示。

⑤测绘垣栅应类别清楚，取舍得当。城墙按城基轮廓依比例尺表示，城楼、城门、豁口均应实测；围墙、栅栏、栏杆等可根据其永久性、规整性、重要性等综合考虑取舍。

⑥台阶和室外楼梯长度大于3m，宽度大于1m的应在图中表示。

⑦永久性门墩、支柱大于1m的依比例实测，小于1m的测量其中心位置，用符号表示。重要的墩柱无法测量中心位置时，要量取并记录偏心距和偏离方向。

⑧建筑物上突出的悬空部分应测量最外范围的投影位置，主要的支柱也要实测。

(3)工矿建(构)筑物及其他设施的测绘

①工矿建(构)筑物及其他设施的测绘，图上应准确表示其位置、形状和性质特征。

②工矿建(构)筑物及其他设施依比例尺表示的，应实测其外部轮廓，并配置符号或按图式规定用依比例尺符号表示；不依比例尺表示的，应准确测定其定位点或定位线，用不依比例尺符号表示。

(4)交通及附属设施测绘

①交通及附属设施的测绘，图上应准确反映陆地道路的类别和等级，附属设施的结构和关系；正确处理道路的相交关系及与其他要素的关系；正确表示水运和海运的航行标志，河流和通航情况及各级道路的通过关系。

②铁路轨顶(曲线段取内轨顶)、公路路中、道路交叉处、桥面等应测注高程，隧道、涵洞应测注底面高程。

③公路与其他双线道路在图上均应按实宽依比例尺表示。公路应在图上每隔15～20mm注出公路技术等级代码，国道应注出国道路线编号。公路、街道按其铺面材料分为水泥、沥青、砾石、条石或石板、硬砖、碎石和土路等，应分别以混凝土、沥、砾、石、砖、碴、土等注记于图中路面上，铺面材料改变处应用点线分开。

④铁路与公路或其他道路平面相交时，铁路符号不中断，而将另一道路符号中断；城市道路为立体交叉或高架道路时，应测绘桥位、匝道与绿地等；多层交叉重叠，下层被上层遮住的部分不绘，桥墩或立柱视用图需要表示，垂直的挡土墙可绘实线而不绘挡土墙符号。

⑤路堤、路堑应按实地宽度绘出边界，并应在其坡顶、坡脚适当测注高程。

⑥道路通过居民地不宜中断，应按真实位置绘出。高速公路应绘出两侧围建的栅栏(或墙)和出入口，注明公路名称。中央分隔带视用图需要表示。市区街道应将车行道、过街天桥、过街地道的出入口、分隔带、环岛、街心花园、人行道与绿化带绘出。

⑦跨越河流或谷地的桥梁，应实测桥头、桥身和桥墩位置，加注建筑结构。码头应实测轮廓线，有专有名称的加注名称，无名称者注“码头”，码头上的建筑应实测并以相应符号表示。

⑧大车路、乡村路、内部道路按比例实测，宽度小于1m时只测路中线，以小路符号表示。

(5)管线测绘

①永久性的电力线、电信线均应准确表示，电杆、铁塔位置应实测。当多种线路在同一杆架上时，只表示主要的。城市建筑区内电力线、电信线可不连线，但应在杆架处绘出线路方向。各种线路应做到线类分明，走向连贯。

②架空的、地面上的、有管堤的管道均应实测，分别用相应符号表示，并注明传输物质的

名称。当架空管道直线部分的支架密集时,可适当取舍。地下管线检修井宜测绘表示。

③污水篦子、消防栓、阀门、水龙头、电线箱、电话亭、路灯、检修井均应实测中心位置,以符号表示,必要时标注用途。

(6)水系测绘

①江、河、湖、海、水库、池塘、泉、井等及其他水利设施,均应准确测绘表示,有名称的加注名称。根据需要可测注水深,也可用等深线或水下等高线表示。

②河流、溪流、湖泊、水库等水涯线,按测图时的水位测定,当水涯线与陡坎线在图上投影距离小于 1mm 时以陡坎线符号表示。河流在图上宽度小于 0.5mm、沟渠在图上宽度小于 1mm(1∶2000 在地形图上小于 0.5mm)的用单线表示。

③海岸线以平均大潮高潮的痕迹所形成的水陆分界线为准。各种干出滩在图上用相应的符号或注记表示,并适当测注高程。

④水位高及施测日期视需要测注。水渠应测注渠顶边和渠底高程;时令河应测注河床高程;堤、坝应测注顶部及坡脚高程;池塘应测注塘顶边及塘底高程;泉、井应测注泉的出水口与井台高程,并根据需要注记井台至水面的深度。

(7)境界测绘

①境界的测绘,图上应正确反映境界的类别、等级、位置以及与其他要素的关系。

②县(区、旗)和县以上境界应根据勘界协议、有关文件准确清楚地绘出,界桩、界标应测坐标展绘。乡、镇和乡级以上国营农、林、牧场以及自然保护区界线按需要测绘。

③两级以上境界重合时,只绘高一级境界符号。

(8)地貌和土质的测绘

①地貌和土质的测绘,图上应正确表示其形态、类别和分布特征。

②自然形态的地貌宜用等高线表示,崩塌残蚀地貌、坡、坎和其他特殊地貌应用相应符号或用等高线配合符号表示。

③各种天然形成和人工修筑的坡、坎,其坡度在 70°以上时表示为陡坎,70°以下时表示为斜坡。斜坡在图上投影宽度小于 2mm,以陡坎符号表示。当坡、坎比高小于 1/2 基本等高距或在图上长度小于 5mm 时,可不表示;坡、坎密集时,可以适当取舍。

④梯田坎坡顶及坡脚宽度在图上大于 2mm 时,应实测坡脚。当 1∶2000 比例尺测图梯田坎过密,两坎间距在图上小于 5mm 时,可适当取舍。梯田坎比较缓且范围较大时,可用等高线表示。

⑤坡度在 70°以下的石山和天然斜坡,可用等高线或等高线配合符号表示。独立石、土堆、坑穴、陡坡、斜坡、梯田坎、露岩地等应在上下方分别测注高程或测注上(或下)方高程及量注比高。

⑥各种土质按图式规定的相应符号表示,大面积沙地应用等高线加注记表示。

(9)植被的测绘

①地形图上应正确反映出植被的类别特征和范围分布。对耕地、园地应实测范围,配置相应的符号表示。大面积分布的植被在能表达清楚的情况下,可采用注记说明。同一地段生长有多种植物时,可按经济价值和数量适当取舍,符号配制不得超过三种(连同土质符

号）。

②旱地包括种植小麦、杂粮、棉花、烟草、大豆、花生和油菜等的田地，经济作物、油料作物应加注品种名称。有节水灌溉设备的旱地应加注“喷灌”“滴灌”等。一年分几季种植不同作物的耕地，应以夏季主要作物为准配置符号表示。

③田埂宽度在图上大于1mm的应用双线表示，小于1mm的用单线表示。田块内应测注有代表性的高程。

（10）注记

①要求对各种名称、说明注记和数字注记准确注出。图上所有居民地、道路、街巷、山岭、沟谷、河流等自然地理名称，以及主要单位等名称，均应调查核实，有法定名称的应以法定名称为准，并应正确注记。

②地形图上高程注记点应分布均匀，丘陵地区高程注记点间距为图上2~3cm。

③山顶、鞍部、山脊、山脚、谷底、谷口、沟底、沟口、凹地、台地、河川湖池岸旁、水涯线上以及其他地面倾斜变换处，均应测高程注记点。

④城市建筑区高程注记点应测设在街道中心线、街道交叉中心、建筑物墙基脚和相应的地面、管道检查井井口、桥面、广场、较大的庭院内或空地上以及其他地面倾斜变换处。

⑤基本等高距为0.5m时，高程注记点应注至厘米；基本等高距大于0.5m时可注至分米。

（11）地形要素的配合

①当两个地物中心重合或接近，难以同时准确表示时，可将较重要的地物准确表示，次要地物移位0.3mm或缩小1/3表示。

②独立性地物与房屋、道路、水系等其他地物重合时，可中断其他地物符号，间隔0.3mm，将独立性地物完整绘出。

③房屋或围墙等高出地面的建筑物，直接建筑在陡坎或斜坡上且建筑物边线与陡坎上沿线重合的，可用建筑物边线代替坡坎上沿线；当坎坡上沿线距建筑物边线很近时，可移位间隔0.3mm表示。

④悬空建筑在水上的房屋与水涯线重合，可间断水涯线，房屋照常绘出。

⑤水涯线与陡坎重合，可用陡坎边线代替水涯线；水涯线与斜坡脚线重合，仍应在坡脚将水涯线绘出。

⑥双线道路与房屋、围墙等高出地面的建筑物边线重合时，可以建筑物边线代替路边线。道路边线与建筑物的接头处应间隔0.3mm。

⑦境界以线状地物一侧为界时，应离线状地物0.3mm在相应一侧不间断地绘出；以线状地物中心线或河流主航道为界时，应在河流中心线位置或主航道线上每隔3~5cm绘出3~4节符号。主航道线用0.15mm黑实线表示；不能在中心线绘出时，国界符号应在其两侧不间断地跳绘，国内各级行政区划界可沿两侧每隔3~5cm交错绘出3~4节符号。相交、转折及与图边交接处应绘符号以示走向。

⑧地类界与地面上有实物的线状符号重合，可省略不绘；与地面无实物的线状符号（如架空管线、等高线等）重合时，可将地类界移位0.3mm绘出。

⑨等高线遇到房屋及其他建筑物、双线道路、路堤、路堑、坑穴、陡坎、斜坡、湖泊、双线河以及注记等，均应中断。

⑩当图式符号不能满足测区内测图要求时，可自行设计新的符号，但应在图廓外注明。

5.地物测绘时的跑尺方法

(1)分类跑尺法是测绘地形时，针对不同类的地物分类测绘，立尺时专立同一类地物，例如专测道路或专测房屋。它的优点是各类地物混杂碎部点很多时，有利于画板员正确连绘地物，避免连错线。缺点是分类跑尺在对不同类地物分类分批立尺时，会产生所跑路线重复，在同等数量碎部点的条件下，增加立尺员的跑尺路线的长度。

(2)分区跑尺法是将所测绘地区分成若干片，立尺员一次跑一片，将同一片内的各类地物点按顺路的顺序一次立完。其优点是立尺员的跑路量最少。缺点是各类地物点混杂，画板员很可能连错地物轮廓线。

(3)兼顾式跑尺法是上述两种方法的综合运用。例如在立尺某线状地物时，可顺便将线路上及其近旁的独立地物立尺测绘。在测绘房屋时顺便将街道测绘。

6.地貌的测绘

(1)选择地貌特征点

地貌特征点应选在山顶、鞍部；山脊、山谷、山脚等地性线上的变坡点；地性线的转折点、方向变化点、交点；平地的变坡线的起点、终点、变向点；特殊地貌的起点、终点等。

立尺员除正确选择特征点立尺外，还应报告地性线的走向等有关信息，以便绘图员正确连接地性线。原则上地性线的起点、终点、坡度方向变化点都应当立尺测定。绘图员依据已测定的点及时正确地连绘地性线，逐步形成勾绘等高线的骨架。

(2)地貌特征点的测绘

地貌测绘跑尺方法有等高线路法、地性线路法和分片法。

①等高线路法是沿着高程接近的线路连续立尺，当某高度的一排点测完时，向上或向下立另一排点。显著地节省跑尺员的体力，降低劳动强度；也能提高跑尺的速度，从而提高测绘地形图的效率。

②地性线法是沿同一山脊、山谷等地性线连续立尺，立完一条才立另一条。它的优点为能及时完整地绘出地性线，使地貌的描绘真实准确。反复地沿地性线上下跑动将增加立尺员的劳动强度。

③分片法是将每个测站待测地域分成几片，由各立尺员分片包干，其优点是遗漏点的可能性减少。在地貌变化特复杂的地区，该法与第二种方法结合使用最适用。

7.地形图的整饰

地形图拼接及检查完成后就需要用铅笔进行整饰。整饰应按照“先注记，后符号；先地物，后地貌；先图内，后图外”的原则进行。注记的字型、字号应严格按照《地形图图式》的要求选择。各类符号应使用绘图模板按《地形图图式》规定的尺寸规范绘制，注记及符号应坐南朝北。不要让线条随意穿过已绘制的内容。按照整饰原则后绘制的地物和等高线在遇到已绘出的符号及地物时，应自动断开。

8.地形图的检查

为了提交合格成果,地形图经过整饰后还需进行内业检查和外业检查。

(1)内业检查。检查观测及绘图资料是否齐全;抽查各项观测记录及计算是否满足要求;图纸整饰是否达到要求;接边情况是否正常;等高线勾绘有无问题。

(2)外业检查。将图纸带到测区与实地对照进行检查,检查地物、地貌的取舍是否正确,有无遗漏,使用图式和注记是否正确,发现问题应及时纠正;在图纸上随机地选择一些测点,将仪器带到实地,实测检查,重点放在图边。检查中发现的错误和遗漏,应进行纠正和补漏。

(3)成图。经过整饰与检查的图纸,可清除图面的污尘后,进行清绘后即可交图。(注意图外注记的内容,可参见图 3-0-2)

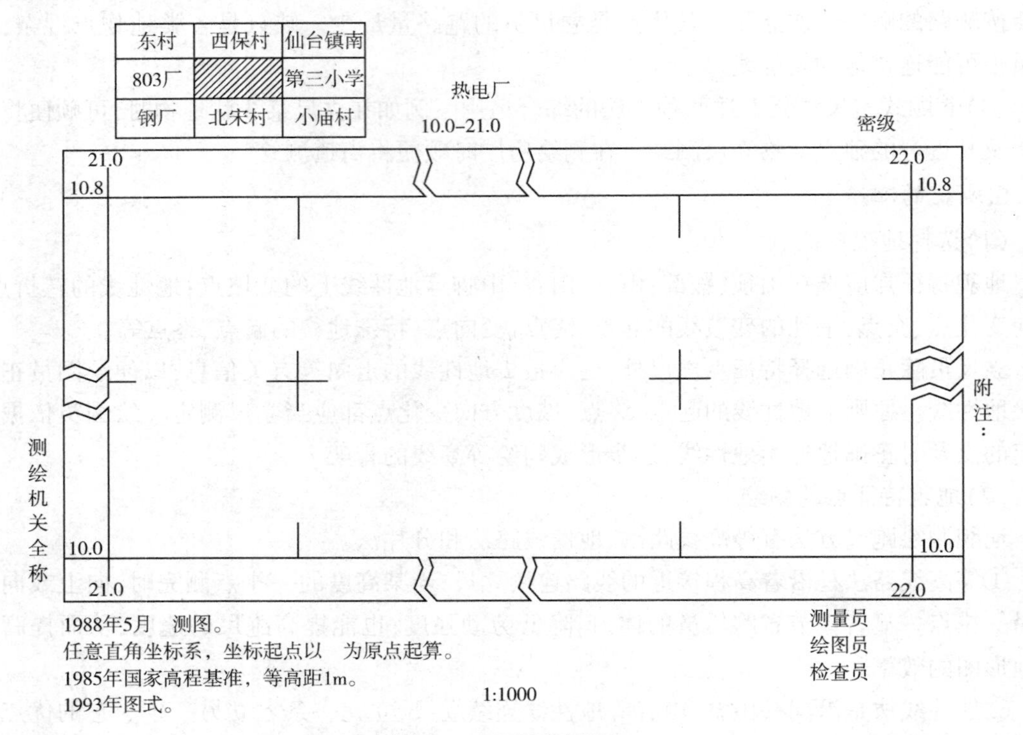

图 3-0-2 地形图图外注记

八、编写实训报告和技术总结

(1)每个小组需上交的资料:

①成果表(内容有仪器检校记录、外业观测记录、坐标推算过程表等)。

②所测地形图(整饰后)。

③小组实训报告。内容包括:测区概况、控制网的布设情况(包括平面控制网和高程控制网)、控制网略图、控制点坐标表(包括高程)、小组技术总结(包括实训中遇到的问题、解决问题的办法、实训的心得体会及本组成员的出勤情况等)。

(2)每个同学需上交的资料是实训日志及实训心得体会。

九、工作流程

大比例尺地形图测绘的工作流程如图 3-0-3 所示。

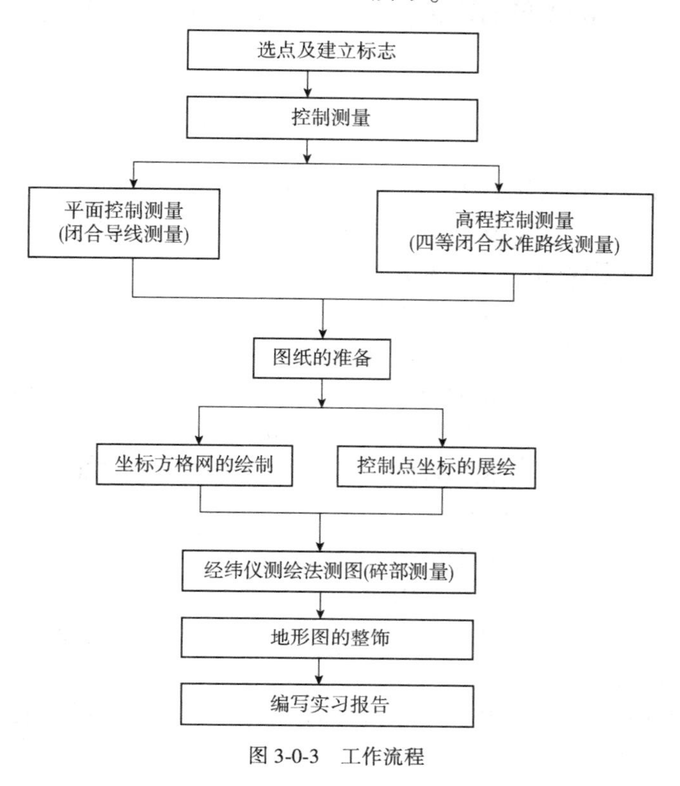

图 3-0-3　工作流程

第四部分　习　题　集

一、单项选择题

1.地面点到高程基准面的垂直距离称为该点的(　　)。

A.相对高程　　B.绝对高程　　C.高差

2.地面点的空间位置是用(　　)来表示的。

A.地理坐标　　B.平面直角坐标　　C.坐标和高程

3.绝对高程的起算面是(　　)。

A.水平面　　B.大地水准面　　C.假定水准面

4.某段距离的平均值为100m,其往返较差为+20mm,则相对误差为(　　)。

A.0.02/100　　B.0.002　　C.1/5000

5.已知直线*AB*的坐标方位角为186°,则直线*BA*的坐标方位角为(　　)。

A.96°　　B.276°　　C.6°

6.在距离丈量中衡量精度的方法是用(　　)。

A.往返较差　　B.相对误差　　C.闭合差

7.坐标方位角是以(　　)为标准方向,顺时针转到测线的夹角。

A.真子午线方向　　B.磁子午线方向　　C.坐标纵轴方向

8.距离丈量的结果是求得两点间的(　　)。

A.斜线距离　　B.水平距离　　C.折线距离

9.往返丈量直线*AB*的长度为:$D_{AB}=126.72m$,$D_{BA}=126.76m$,其相对误差为(　　)。

A.$K=1/3100$　　B.$K=1/3200$　　C.$K=0.000315$

10.在水准测量中转点的作用是传递(　　)。

A.方向　　B.高程　　C.距离

11.圆水准器轴是圆水准器内壁圆弧零点的(　　)。

A.切线　　B.法线　　C.垂线

12.水准测量时,为了消除i角误差对一测站高差值的影响,可将水准仪置在(　　)处。

A.靠近前尺　　B.两尺中间　　C.靠近后尺

13.产生视差的原因是(　　)。

A.仪器校正不完善　　B.物像有十字丝面未重合　　C.十字丝分划板位置不正确

14.高差闭合差的分配原则为(　　)成正比例进行分配。

A.与测站数　　B.与高差的大小　　C.与距离或测站数

15.附合水准路线高差闭合差的计算公式为(　　)。

A.$f_k=|h_{往}|-|h_{返}|$　　B.$f_h=\Sigma h$　　C.$f_h=\Sigma h-(H_{终}-H_{始})$

16.水准测量中,同一测站,当后尺读数大于前尺读数时说明后尺点(　　)。

A.高于前尺点　　B.低于前尺点　　C.高于侧站点

17.水准测量中要求前后视距离相等,其目的是为了消除(　　)的误差影响。

A.水准管轴不平行于视准轴

B.圆水准轴不平行于仪器竖轴

C.十字丝横丝不水平

18.视准轴是指(　　)的连线。

A.物镜光心与目镜光心　B.目镜光心与十字丝中心　C.物镜光心与十字丝中心

19.往返水准路线高差平均值的正负号是以(　　)的符号为准。

A.往测高差　　B.返测高差　　C.往返测高差的代数和

20.在水准测量中设 A 为后视点,B 为前视点,并测得后视点读数为 1.124m,前视读数为 1.428m,则 B 点比 A 点(　　)。

A.高　　B.低　　C.等高

21.自动安平水准仪的特点是(　　)使视线水平。

A.用安平补偿器代替管水准仪

B.用安平补偿器代替圆水准器

C.用安平补偿器和管水准器

22.在进行高差闭合差调整时,某一测段按测站数计算每站高差改正数的公式为(　　)。其中:N_i 为测段的测站数,L_i 为测段的路线长。

A.$v_i=f_h/N_i$　　B.$v_i=-f_h/N_i$　　C.$v_i=-f_h/L_i$

23.圆水准器轴与管水准器轴的几何关系为(　　)。

A.互相垂直　　B.互相平行　　C.相交

24.从观察窗中看到符合水准气泡影像错动间距较大时,需(　　)使符合水准气泡影像符合。

A.转动微倾螺旋　　B.转动微动螺旋　　C.转动三个脚螺旋

25.转动目镜对光螺旋的目的是(　　)。

A.看清十字丝　　B.看清远处目标　　C.消除视差

26.消除视差的方法是(　　)使十字丝和目标影像清晰。

A.转动物镜对光螺旋

B.转动目镜对光螺旋

C.反复交替调节目镜及物镜对光螺旋

27.转动三个脚螺旋使水准仪圆水准气泡居中的目的是(　　)。

A.使仪器竖轴处于铅垂位置

B.提供一条水平视线

C.使仪器竖轴平行于圆水准轴

28.水准仪安置符合棱镜的目的是(　　)。

A.易于观察气泡的居中情况

B.提高管气泡居中的精度

C.保护管水准气泡

29.当经纬仪的望远镜上下转动时,竖直度盘(　　)。

A.与望远镜一起转动　　B.与望远镜相对运动　　C.不动

30.当经纬仪竖轴与目标点在同一竖面时,不同高度的水平度盘读数(　　)。

A.相等　　B.不相等　　C.有时不相等

31.经纬仪视准轴检验和校正的目的是(　　)。

A.使视准轴垂直于横轴　B.使横轴垂直于竖轴　　C.使视准轴平行于水准管轴

32.采用盘左、盘右的水平角观测方法,可以消除(　　)误差。

A.对中　　B.十字丝的竖丝不铅垂　　C.横轴不垂直于竖轴

33.用回测法观测水平角,测完上半测回后,发现水准管气泡偏离 2 格多,在此情况下应(　　)。

A.继续观测下半测回　B.整平后观测下半测回　　C.整平后全部重测

34.在经纬仪照准部的水准管检校过程中,大致整平后使水准管平行于一对脚螺旋,把气泡居中,当照准部旋转 180°后,气泡偏离零点,说明(　　)。

A.水准管不平行于横轴　B.仪器竖轴不垂直于横轴　C.水准管轴不垂直于仪器竖轴

35.测量竖直角时,采用盘左、盘右观测,其目的之一是可以消除(　　)误差的影响。

A.对中　　B.视准轴不垂直于横轴　　C.指标差

36.用经纬仪观测水平角时,尽量照准目标的底部,其目的是为了消除(　　)误差对测角的影响。

A.对中　　B.照准　　B.目标偏离中心

37.用测回法观测水平角,若右方目标的方向值$\alpha_{右}$小于左方目标的方向值$\alpha_{左}$时,水平角β的计算方法是(　　)。

A. $\beta=\alpha_{左}-\alpha_{右}$　　B. $\beta=\alpha_{右}-180°-\alpha_{左}$　　C. $\beta=\alpha_{右}+360°-\alpha_{左}$

38.地面上两相交直线的水平角是(　　)的夹角。

A.这两条直线的实际

B.这两条直线在水平面的竖直投影线

C.这两条直线在同一竖直上的投影

39.经纬仪安置时,整平的目的是使仪器的(　　)。

A.竖轴位于铅垂位置,水平度盘水平

B.水准管气泡居中

C.竖盘指标处于正确位置

40.经纬仪的竖盘按顺时针方向注记,当视线水平时,盘左竖盘读数为 90°,用该仪器观测一高处目标,盘左读数为 75°10′24″,则此目标的竖角为(　　)。

A.57°10′24″　　B.−14°49′36″　　C.14°49′36″

41.经纬仪在盘左位置时将望远镜大致置平,使其竖盘读数在 0°左右,望远镜物镜端抬高时读数减少,其盘左的竖直角公式为(　　)。

A.$\alpha_{左}=90°-L$　　B.$\alpha_{左}=L-90°$　　C.$\alpha_{左}=L-270°$

42.竖直指标水准管气泡居中的目的是(　　)。

A.使度盘指标处于正确位置

B.使竖盘处于铅垂位置

C.使竖盘指标指向 90°

43.若经纬仪的视准轴与横轴不垂直,在观测水平角时,其盘左盘右的误差影响是(　　)。

A.大小相等　　B.大小相等,符号相同　　C.大小不等,符号相同

44.测定一点竖直角时,若仪器高不同,但都瞄准目标同一位置,则所测竖直角(　　)。

A.相同　　B.不同　　C.可能相同也可能不同

45.在等精度观测的条件下,正方形一条边 a 的观测中误差为 m,则正方形的周长($S=4a$)的中误差为(　　)。

A.m　　B.$2m$　　C.$4m$

46.丈量某长方形的长为 $a=(20\pm0.004)$ m,宽为 $b=(15\pm0.003)$ m,它们的丈量精度(　　)。

A.相同　　B.不同　　C.不能进行比较

47.衡量一组观测值的精度的指标是(　　)。

A.中误差　　B.允许误差　　C.算术平均值中误差

48.在距离丈量中,衡量其丈量精度的标准是(　　)。

A.相对误差　　B.中误差　　C.往返误差

49.下列误差中(　　)为偶然误差。

A.照准误差和估读误差

B.横轴误差和指标差

C.水准管轴不平行与视准轴的误差

50.若一个测站高差的中误差为 $m_{站}$,单程为 n 个测站的支水准路线往返测高差平均值的中误差为(　　)。

A.$nm_{站}$　　B.$m_{站}\sqrt{n/2}$　　C.$\sqrt{n}\,m_{站}$

51.以下不是评定精度的标准的是(　　)。

A.真误差　　B.中误差　　C.相对误差

52.对三角形进行 5 次等精度观测,其真误差(闭合差)为:+4″、-3″、+1″、-2″、+6″,则该组观测值的精度(　　)。

A.不相等　　B.相等　　C.最高为+1″

53.经纬仪对中误差属(　　)。

A.偶然误差　　B.系统误差　　C.中误差

54.尺长误差和温度误差属(　　)。

A.偶然误差　　B.系统误差　　C.中误差

55.一条直线分两段丈量,它们的中误差分别为 m_1 和 m_2,该直线丈量的中误差为(　　)。

A.$m_1^2+m_2^2$　　B.$m_1^2\cdot m_2^2$　　C.$\sqrt{m_1^2+m_2^2}$

56.一条附合水准路线共设 n 站,若每站水准测量中误差为 m,则该路线水准测量中误差为(　　)。

A.$\sqrt{n}\times m$　　B.$m/\sqrt{n}$　　C.$m\times n$

57.某基线丈量若干次计算得到平均长为540m,平均值之中误差为±0.05m,则该基线的相对误差为(　　)。

A.0.0000925　　B.1/11000　　C.1/10000

58.下面是三个小组丈量距离的结果,只有(　　)组测量的相对误差不低于1/5000的要求。

A.100m±0.025m　　B.200m±0.040m　　C.150m±0.035m

59.对某量进行 n 次观测,若观测值的中误差为 m,则该量的算术平均值的中误差为(　　)。

A.$\sqrt{n}\times m$　　B.m/n　　C.$m/\sqrt{n}$

60.某直线段 AB 的坐标方位角为230°,其两端间坐标增量的正负号为(　　)。

A.$-\Delta x,+\Delta y$　　B.$+\Delta x,-\Delta y$　　C.$-\Delta x,-\Delta y$

61.小三角锁近似平差主要考虑(　　)。

A.测角误差　　B.基线误差　　C.起始边方位角的误差

62.在全圆测回法的观测中,同一盘位起始方向的两次读数之差叫(　　)。

A.归零差　　B.测回差　　C.2C 互差

63.四等水准测量中,黑面高差减红面高差±0.1m 应不超过(　　)。

A.2mm　　B.3mm　　C.5mm

64.用导线全长相对闭合差来衡量导线测量精度的公式是(　　)。

A.$K=\dfrac{M}{D}$　　B.$K=\dfrac{1}{D/|\Delta D|}$　　C.$K=\dfrac{1}{\Sigma D/f_D}$

65.在两端有基线的小三角锁基线闭合差的计算中,传距角 a_i、b_i 是(　　)。

A.实测角值

B.经过第二次改正后的角值

C.经过角度闭合差调整后的角值

66.导线的坐标增量闭合差调整后,应使纵、横坐标增量改正数之和等于(　　)。

A.纵、横坐标增值量闭合差,其符号相同

B.导线全长闭合差,其符号相同

C.纵、横坐标增量闭合差,其符号相反

67.在全圆测回法中,同一测回不同方向之间的2C 值为−18″、+2″、0、+10″,其2C 互差应为(　　)。

A.28″　　B.−18″　　C.1.5″

68.基线丈量的精度用相对误差来衡量,其表示形式为(　　)。

A.平均值中误差与平均值之比

B.丈量值中误差与平均值之比

C.平均值中误差与丈量值之和之比

69.导线的布置形式有(　　)。

A.一级导线、二级导线、图根导线

B.单向导线、往返导线、多边形导线

C.闭合导线、附合导线、支导线

70.导线测量的外业工作是(　　)。

A.选点、测角、量边

B.埋石、造标、绘草图

C.距离丈量、水准测量、角度测量

71.导线角度闭合差的调整方法是将闭合差反符号后(　　)。

A.按角度大小成正比例分配

B.按角度个数平均分配

C.按边长成正比例分配

72.导线坐标增量闭合差的调整方法是将闭合差反符号后(　　)。

A.按角度个数平均分配　B.按导线边数平均分配　C.按边长成正比例分配

73.小三角测量的外业主要工作为(　　)。

A.角度测量　B.基线丈量　C.选点、测角、量基线

74.等高距是两相邻等高线之间的(　　)。

A.高程之差　B.平距　C.间距

75.当视线倾斜进行视距测量时,水平距离的计算公式是(　　)。

A.$D=kl\cos\alpha$　B.$D=kl\cos\alpha^2$　C.$D=kl\cos^2\alpha$

76.一组闭合的等高线是山丘还是盆地,可根据(　　)来判断。

A.助曲线　B.首曲线　C.高程注记

77.在比例尺为 1∶2000,等高距为 2m 的地形图上,如果按照指定坡度 $i=5\%$,从坡脚 A 到坡顶 B 来选择路线,其通过相邻等高线时在图上的长度为(　　)。

A.10mm　B.20mm　C.25mm

78.两不同高程的点,其坡度应为两点(　　)之比,再乘以 100%。

A.高差与其平距　B.高差与其斜距　C.平距与其斜距

79.视距测量时用望远镜内视距丝装置,根据几何光学原理同时测定两点间的(　　)的方法。

A.距离和高差　B.水平距离和高差　C.距离和高程

80.在一张图纸上等高距不变时,等高线平距与地面坡度的关系是(　　)。

A.平距大则坡度小　B.平距大则坡度大　C.平距大则坡度不变

81.地形测量中,若比例尺精度为 b,测图比例尺为 M,则比例尺精度与测图比例尺大小的关系为(　　)。

A.b 与 M 无关　B.b 与 M 成正比　C.b 与 M 成反比

82.在地形图上表示地物的方法是用(　　)。

A.比例符号、非比例符号、线形符号和地物注记

B.地物符号和地貌符号

C.计曲线、首曲线、间曲线、助曲线

83.测图前的准备工作主要有(　　)。

A.图纸准备、方格网绘制、控制点展绘

B.组织领导、场地划分、后勤供应

C.资料、仪器工具、文具用品的准备

84.以下不是点位测设的基本方法的是(　　)。

A.直角坐标法　　B.角度交会法　　C.后方交会法

85.若地形点在图上的最大距离不能超过3cm,对于比例尺为1/500的地形图,相应地形点在实地的最大距离应为(　　)。

A.15m　　B.20m　　C.30m

86.在进行大(小)平板仪定向时,直线定向与所用图上的直线长度有关,定向所用的直线越短,定向精度(　　)。

A.越精确　　B.越差　　C.不变

87.用经纬仪观测某交点的右角,若后视读数为200°00′00″,前视读数为0°00′00″,则外距方向的读数为(　　)。

A.100°　　B.80°　　C.280°

88.公路中线里程桩测设时,短链是指(　　)。

A.实际里程大于原桩号　B.实际里程小于原桩号　　C.原桩号测错

89.采用偏角法测设圆曲线时,其偏角应等于相应弧长所对圆心角的(　　)。

A.2倍　　B.1/2　　C.2/3

90.圆曲线的主点测设元素有(　　)。

A.切线长、圆曲线长

B.切线长、圆曲线长、外距

C.切线长、圆曲线长、外距、切曲差

91.公路中线测量在纸上定好线后,用穿线交点法在实地放线的工作程序为(　　)。

A.放点、穿线、交点　　B.计算、放点、穿线　　C.计算、交点、放点

92.公路中线测量中,设置转点的作用是(　　)。

A.传递高程　　B.传递方向　　C.加快观测速度

93.公路中线测量中,测得某交点的右角为130°,则其转角为(　　)。

A.$\alpha_{右}=50°$　　B.$\alpha_{左}=50°$　　C.$\alpha=130°$

94.路线中平测量是测定路线(　　)的高程。

A.水准点　　B.转点　　C.各中桩

95.视线高等于(　　)+后视点读数。

A.后视点高程　　B.转点高程　　C.前视点高程

96.路线纵断面水准测量分为(　　)和中平测量。

A.基平测量　　B.水准测量　　C.高程测量

97.公路基平测量中,其高差闭合差允许值应为(　　)。

A.$\pm50\sqrt{L}$　(mm)　　B.$\pm6\sqrt{L}$　(mm)　　C.$\pm30\sqrt{L}$　(mm)

98.基平水准点设置的位置应选择在(　　)。

A.路中心线上　　B.施工范围内　　C.施工范围以外

99.路线中平测量的观测顺序是(　　),转点的高程读数读到毫米位,中桩点的高程读数读到厘米位。

A.沿路线前进方向按先后顺序观测

B.先观测中桩点,后观测转点

C.先观测转点高程后观测中桩点高程

100.按给定坡度定线,选定的是(　　)。

A.一条最短线　　B.一条等坡度线　　C.一条最长线

二、多项选择题

1.设 A 点为后视点,B 点为前视点,后视读数 $a=1.24$m,前视读数 $b=1.428$m,则(　　)。

A.$h_{AB}=-0.304$m

B.后视点比前视点高

C.若 A 点高程 $H_A=202.016$m,则视线高程为 203.140m

D.若 A 点高程 $H_A=202.016$m,则前视点高程为 202.320

E.后视点比前视点低

2.地面上某点,在高斯平面直角坐标系(六度带)的坐标为:$x=3430152$m,$y=20637680$m,则该点位于(　　)投影带,中央子午线经度是(　　)。

A.第 3 带　　B.116°　　C.第 34 带

D.第 20 带　　E.117°

3.北京地区的地理坐标为:北纬 39°54′,东经 116°28″。按高斯六度带投影,该地区所在投影带中央子午线的经度为(　　),位于第(　　)投影带。

A.20　　B.117°　　C.19

D.115°　　E.120°

4.微倾式水准仪应满足的几何条件为(　　)。

A.水准管轴平行于视准轴　　B.横轴垂直于仪器竖轴

C.水准管轴垂直于仪器竖轴　　D.圆水准器轴平行于仪器竖轴

E.十字丝横丝应垂直于仪器竖轴

5.在 A、B 两点之间进行水准测量,得到满足精度要求的往、返测高差为 $h_{AB}=+0.005$m,$h_{BA}=-0.009$m。已知 A 点高程 $H_A=417.462$m,则(　　)。

A.B 的高程为 417.460m　　B.B 点的高程为 417.469m

C.往、返测高差闭合差为+0.014m　　D.B 点的高程为 417.467m

E.往、返测高差闭合差为-0.004m

6.在水准测量时,若水准尺倾斜时,其读数值(　　)。

A.当水准尺向前或向后倾斜时增大

B.当水准尺向左或向右倾斜时减少

C.总是增大

D.总是减少

E.不论水准尺怎样倾斜,其读数值都是错误的

7.光学经纬仪应满足下列几何条件(　　)。

A.$HH \perp VV$　B.$LL \perp VV$　C.$CC \perp HH$　D.$LL \perp CC$

8.用测回法观测水平角,可以消除(　　)误差。

A.视准轴　B.照准部偏心　C.指标差　D.横轴

E.对中误差

9.方向观测法观测水平角的测站限差有(　　)。

A.归零差　B.2C 误差　C.测回差　D.竖盘指标差

E.阳光照射的误差

10.若 AB 直线的坐标方位角与其真方位角相同时,则 A 点位于(　　)上。

A.赤道上　B.中央子午线上

C.高斯平面直角坐标系的纵轴上　D.高斯投影带的边缘上

E.中央子午线左侧

11.用钢尺进行直线丈量,应(　　)。

A.尺身放平　B.确定好直线的坐标方位角

C.丈量水平距离　D.目估或用经纬仪定线

E.进行往返丈量

12.闭合导线的角度闭合差与(　　)。

A.导线的几何图形无关　B.导线的几何图形有关

C.导线各内角和的大小有关　D.导线各内角和的大小无关

E.导线的起始边方位角有关

13.经纬仪对中的基本方法有(　　)。

A.光学对点器对中　B.垂球对中

C.目估对中　D.对中杆对中

E.其他方法对中

14.高差闭合差调整的原则是按(　　)成比例分配。

A.高差大小　B.测站数　C.水准路线长度　D.水准点间的距离

E.往返测站数总和

15.平面控制测量的基本形式有(　　)。

A.导线测量　B.三角测量　C.距离测量　D.角度测量

16.经纬仪可以测量(　　)。

A.磁方位角　B.水平角　C.水平方向值　D.竖直角

E.象限角

17.在测量内业计算中,其闭合差按反号分配的有(　　)。

A.高差闭合差　B.闭合导线角度闭合差

C.附合导线角度闭合差　D.坐标增量闭合差

E.导线全长闭合差

18.水准测量中,使前后视距大致相等,可以消除或削弱(　　)。

A.水准管轴不平行视准轴的误差　B.地球曲率产生的误差

C.大气折光产生的误差　　D.阳光照射产生的误差
E.估读数差

19.下列误差中(　　)为偶然误差。
A.估读误差　　B.照准误差
C.2C 误差　　D.指标差
E.横轴误差

20.确定直线的方向,一般用(　　)来表示。
A.方位角　　B.象限角
C.水平角　　D.竖直角
E.真子午线方向

21.导线坐标计算的基本方法是(　　)。
A.坐标正算　　B.坐标反算
C.坐标方位角推算　　D.高差闭合差调整
E.导线全长闭合差计算

22.四等水准测量一测站的作业限差有(　　)。
A.前、后视距差　　B.高差闭合差
C.红、黑面读数差　　D.红黑面高差之差
E.视准轴不平行水准管轴的误差

23.大比例尺地形图是指(　　)的地形图。
A.1∶500　　B.1∶5000　　C.1∶2000　　D.1∶10000
E.1∶100000

24.地形图的图式符号有(　　)。
A.比例符号　　B.非比例符号　　C.等高线注记符号　　D.测图比例尺

25.等高线按其用途可分为(　　)。
A.首曲线　　B.计曲线
C.间曲线　　D.示坡线
E.山脊线和山谷线

26.等高线具有(　　)特性。
A.等高线不能相交　　B.等高线是闭合曲线
C.山脊线不与等高线正交　　D.等高线平距与坡度成正比
E.等高线密集表示陡坡

27.视距测量可同时测定两点间的 (　　)。
A.高差　　B.高程　　C.水平距离　　D.高差与平距
E.水平角

28.平板仪安置包括(　　)。
A.对点　　B.整平
C.度盘归零　　D.定向
E.标定图板北方向

29.在地形图上可以确定(　　)。

A.点的空间坐标　　B.直线的坡度

C.直线的坐标方位角　　D.确定汇水面积

E.估算土方量

30.下述误差属于真误差的是(　　)。

A.三角形闭合差　　B.多边形闭合差

C.量距往、返较差　　D.闭合导线的角度闭合差

E.导线全长相对闭合差

31.测量工作的原则是(　　)。

A.由整体到局部

B.先测角后量距

C.在精度上由高级到低级

D.先控制后碎部

E.先进行高程控制测量后进行平面控制测量

32.测量的基准面是(　　)。

A.大地水准面　　B.水准面

C.水平面　　D.1985 年国家大地坐标系

33.高程测量按使用的仪器和方法不同分为(　　)。

A.水准面测量　　B.闭合路线水准测量

C.附合路线水准测量　　D.三角高程测量

E.三、四、五等水准测量

34.影响水准测量成果的误差有(　　)。

A.视差未消除　　B.水准尺未竖直

C.估读毫米数不准　　D.地球曲率和大气折光

E.阳光照射和风力太大

35.当经纬仪竖轴与仰视、平视、俯视的三条视线位于同一竖直面内时,其水平度盘读数值(　　)。

A.相等　　B.不等

C.均等于平视方向的读数值　　D.仰视方向读数值比平视度盘读数值大

E.俯视方向读数值比平视方向读数值小

36.影响角度测量成果的主要误差是(　　)。

A.仪器误差　　B.对中误差

C.目标偏误差　　D.竖轴误差

E.照准误差和估读误差

37.确定直线方向的标准方向有(　　)。

A.坐标纵轴方向　　B.真子午线方向

C.指向正北的方向　　D.磁子午线方向直线方向

38.光电测距仪的品类分为(　　)。

A.按测程分为短、中、远程测距仪

B.按精度分为Ⅰ、Ⅱ、Ⅲ级测距仪

C.按光源分为普通光源、红外光源、激光光源三类测距仪

D.按测定电磁波传播时间 t 的方法分为脉冲法和相位法两种测距仪

E.不分品类

39.光电测距成果的改正计算有（　　）。

A.加、乘常数改正计算　　B.气象改正计算

C.倾斜改正计算　　D.三轴关系改正计算

E.测程的检定与改正计算

40.全站仪的主要技术指标有(　　)。

A.最大测程　　B.测距标称精度

C.测角精度　　D.放大倍率

E.自动化和信息化程度

41.全站仪由(　　)组成。

A.光电测距仪　　B.电子经纬仪

C.多媒体电脑数据处理系统　　D.高精度的光学经纬仪

42.全站仪除能自动测距、测角外,还能快速完成一个测站所需完成的工作,包括(　　)。

A.计算平距、高差　　B.计算三维坐标

C.按水平角和距离进行放样测量　　D.按坐标进行放样

E.将任一方向的水平角置为0°00′00″

43.导线测量的外业工作包括(　　)。

A.踏勘选点及建立标志　　B.量边或距离测量

C.测角　　D.连测

E.进行高程测量

44.闭合导线和附合导线内业计算的不同点是(　　)。

A.方位角推算方法不同　　B.角度闭合差计算方法不同

C.坐标增量闭合差计算方法不同　　D.导线全长闭合差计算方法不同

E.坐标增量改正计算方法不同

45.圆曲线带有缓和曲线段的曲线主点是(　　)。

A.直缓点(ZH点)　　B.直圆点(ZY点)

C.缓圆点(HY点)　　D.圆直点(YZ点)

E.曲中点(QZ点)

46.公路中线测设时,里程桩应设置在中线(　　)。

A.边坡点处　　B.地形点处

C.桥涵位置处　　D.曲线主点处

E.交点和转点处

47.路线纵断面测量的任务是（　　）。

A.测定中线各里程桩的地面高程

B.绘制路线纵断面图

C.测定中线各里程桩两侧垂直于中线的地面高程

D.测定路线交点间的高差

E.根据纵坡设计计算设计高程

48.横断面的测量方法有(　　)。

A.花杆皮尺法　　B.水准仪法

C.经纬仪法　　D.跨沟谷测量法

E.目估法

49.比例尺精度是指地形图上 0.1mm 所代表的地面上的实地距离,则(　　)。

A.1∶500 比例尺精度为 0.05m　　B.1∶2000 比例尺精度为 0.20m

C.1∶5000 比例尺精度为 0.50m　　D.1∶1000 比例尺精度为 0.10m

E.1∶2500 比例尺精度为 0.25m

50.用正倒镜分中法延长直线,可以消除或减少(　　)误差的影响。

A.2C　　B.视准轴不垂直于横轴

C.横轴不垂直于仪器竖轴　　D.水准管轴不垂直于仪器竖轴

E.对中

51.工程放样最基本的方法是(　　)。

A.角度放样　　B.高差放样

C.高程放样　　D.距离放样

E.坡度放样

52.用两点的平面直角坐标值来反算这两点所在边长的坐标方位角时,应给反算角度加一个常数才能转化为实际的坐标方位角。即(　　)。

A.当 $\Delta x>0$,应加 360°　　B.当 $\Delta x<0$,应加 180°

C.当 $\Delta x>0$,应加 180°　　D.当 $\Delta x<0$,应加 360°

E.当 $\Delta x>0$,应加 80°

三、填空题

1.地面点到________铅垂距离称为该点的相对高程。

2.通过______海水面的________称为大地水准面。

3.测量工作的基本内容是________、________、______。

4.测量使用的平面直角坐标是以________为坐标原点,以________为 x 轴,以________为 y 轴。

5.地面点位若用地理坐标表示,应为__________、__________和绝对高程。

6.地面两点间高程之差,称为该两点间的________。

7.在测量中,将地表面当平面对待,指的是在__________范围内时,距离测量数据不至于影响测量成果的精度。

8.测量学的分类,大致可分为__________,__________,__________,__________。

9.地球是一个旋转的椭球体,如果把它看作圆球,其半径的概值为__________km。

10.我国的珠穆朗玛峰顶的绝对高程为__________m。

11.地面点的经度为该点的子午面与__________所夹的________角。

12.地面点的纬度为该点的铅垂线与__________所组成的角度。

13.测量工作的程序是____________________、______________________。

14.测量学的任务是______________________。

15.直线定向的标准方向有__________、____________、________________。

16.由__________方向顺时针转到测线的水平夹角为直线的坐标方位角。

17.距离丈量的相对误差的公式为__________________。

18.坐标方位角的取值范围是____________。

19.确定直线方向的工作称为____________,用目估法或经纬仪法把许多点标定在某一已知直线上的工作为____________。

20.距离丈量是用__________误差来衡量其精度的,该误差是用分子为__________的______形式来表示。

21.用平量法丈量距离的三个基本要求是__________、____________、____________。

22.直线的象限角是指直线与标准方向的北端或南端所夹的______角,并要标注所在象限。

23.某点磁偏角为该点的____________方向与该点的____________方向的夹角。

24.某直线的方位角与该直线的反方位角相差______________。

25.地面点的标志,按保存时间长短可分为____________和______________。

26.丈量地面两点间的距离,指的是两点间的____________距离。

27.森林罗盘仪的主要组成部分为________________和__________。

28.某直线的方位角为123°20′,则它的正方位角为____________。

29.水准仪的检验和校正的项目有____________、______________、______________。

30.水准仪主要轴线之间应满足的几何关系为__________、__________、__________。

31.由于水准仪校正不完善而剩余的 i 角误差对高差值的影响可以通过________消除。

32.闭合水准路线高差闭合差的计算公式为__________________________。

33.水准仪的主要轴线有__________、____________、______________、____________。

34.水准测量中,转点的作用是______,在同一转点上,既有______,又有______读数。

35.水准仪上圆水准器的作用是使仪器________,管水准器的作用是使仪器________。

36.通过水准管____________与内壁圆弧的____________为水准管轴。

37.转动物镜对光螺旋的目的是使______________影像________________。

38.一般工程水准测量高程差允许闭合差为____________或______________。

39.一测站的高差 h_{ab} 为负值时,表示__________高,____________低。

40.用高差法进行普通水准测量的计算校核的公式是__________________。

41.微倾水准仪由____________、____________、______________三部分组成。

42.通过圆水准器内壁圆弧零点的__________称为圆水准器轴。

43.微倾水准仪精平操作是旋转__________使水准管的气泡居中,符合影像符合。

44.水准测量高差闭合的调整方法是将闭合差反其符号,按各测段的__________成比例分配或按________成比例分配。

45.用水准仪望远镜筒上的准星照准水准尺后，在目镜中看到图像不清晰，应该______螺旋，若十字丝不清晰，应旋转________螺旋。

46.水准点的符号，采用英文字母________表示。

47.水准测量的测站校核，一般用________法或________法。

48.支水准路线，既不是附合路线，也不是闭合路线，要求进行________测量，才能求出高差闭合差。

49.水准测量时，由于尺竖立不直，该读数值比正确读数________。

50.水准测量的转点，若找不到坚实稳定且凸起的地方，必须用________踩实后立尺。

51.为了消除 i 角误差，每站前视、后视距离应________，每测段水准路线的前视距离和后视距离之和应________。

52.水准测量中丝读数时，不论是正像或倒像，应由______到______，并估读到______。

53.测量时，记录员应对观测员读的数值，再________一遍，无异议时，才可记录在表中。记录有误，不能用橡皮擦拭，应________。

54.使用测量成果时，对未经________的成果，不能使用。

55.从 A 到 B 进行往返水准测量，其高差为：往测 3.625m；返测 -3.631m，则 A、B 之间的高差 h_{AB}______。

56.已知 B 点高程为 241.000m，A、B 点间的高差 $h_{AB}=+1.000$m，则 A 点高程为______。

57.A 点在大地水准面上，B 点在高于大地水准面 100m 的水准面上，则 A 点的绝对高程是______，B 点的绝对高程是______。

58.在水准测量中，水准仪安装在两立尺点等距处，可以消除__________。

59.已知 A 点相对高程为 100m，B 点相对高程为 -200m，则高差 h_{AB}______；若 A 点在大地水准面上，则 B 点的绝对高程为______。

60.在进行水准测量时，对地面上 A、B、C 点的水准尺读取读数，其值分别为 1.425m、1.025m、1.565m，则高差 $h_{BA}=$____，$h_{BC}=$____，$h_{CA}=$____。

61.经纬仪的安置工作包括________、________。

62.竖直角就是在同一竖直面内，______与________之夹角。

63.用 DJ_6 级经纬仪观测竖角，盘右时竖盘读数为 $R=260°00'12''$，已知竖盘指标差 $x=-12''$，则正确的竖盘读数为________。

64.经纬仪的主要几何轴线有________、________、________、________。

65.经纬仪安置过程中，整平的目的是使________，对中的目的是使仪器________与________点位于同一铅垂线上。

66.根据水平角的测角原理，经纬仪的视准轴应与________相垂直。

67.当经纬仪的竖轴位于铅垂线位置时，照准部的水准管气泡应在任何位置都______。

68.整平经纬仪时，先将水准管与一对脚螺旋连线________，转动两脚螺旋使气泡居中，再转动照准部________，调节另一脚螺旋使气泡居中。

69.经纬仪各轴线间应满足的几何关系为__________，__________，__________，__________，__________。

70.竖盘指标差是指当__________水平，指标水准管气泡居中时，__________没指向__________所产生的读数差值。

71.用测回法测定某目标的竖直角，可消除__________误差的影响。

72.经纬仪竖盘指标差计算公式为__________。

73.水平制动螺旋经检查没有发现问题，但在观测过程中发现微动螺旋失效，其原因是__________。

74.竖盘读数前必须将____居中，否则该竖盘读数______。

75.测微尺的最大数值是度盘的__________。

76.经纬仪由______、______、______三部分组成。

77.经纬仪是测定角度的仪器，它既能观测______角，又可以观测______角。

78.水平角是经纬仪置测站点后，所照准两目标的视线在______投影面上的夹角。

79.竖直角有正、负之分，仰角为______，俯角为______。

80.竖直角为照准目标的视线与该视线所在竖面上的______之夹角。

81.经纬仪在检、校中，视准轴应垂直于横轴的检验有两种方法。它们分别为______和______。

82.经纬仪竖盘指标差为零，当望远镜视线水平，竖盘指标水准管气泡居中时，竖盘读数应为______。

83.用测回法观测水平角，可以消除仪器误差中的______、______、______。

84.观测误差按性质可分为______和______两类。

85.测量误差是由于______、______、______三方面的原因产生的。

86.直线丈量的精度是用______来衡量的。

87.相同的观测条件下，一测站高差的中误差为______。

88.衡量观测值精度的指标是______、______和______。

89.对某目标进行 n 次等精度观测，某算术平均值的中误差是观测值中误差的______倍。

90.在等精度观测中，对某一角度重复观测多次，观测值之间互有差异，其观测精度是____的。

91.在同等条件下，对某一角度重复观测 n 次，观测值为 l_1、l_2、…、l_n，其误差均为 m，则该量的算术平均值及其中误差分别为________和________。

92.在观测条件不变的情况下，为了提高测量的精度，其唯一方法是______。

93.当测量误差大小与观测值大小有关时，衡量测量精度一般用______来表示。

94.测量误差大于______时，被认为是错误，必须重测。

95.用经纬仪对某角观测四次，由观测结果算得观测值中误差为±20″，则该角的算术平均值中误差为______。

96.某线段长度为300m，相对误差为1/1500，则该线段中误差为______。

97.有一 N 边多边形，观测了 $N-1$ 个角度，其中误差均为±10″，则第 N 个角度的中误差是______。

98.导线的布置形式有______、______、______。

99.控制测量分为______和______控制。

100.闭合导线的纵横坐标增量之和理论上应为______,但由于有误差存在,实际不为______,应为______。

101.导线测量的外业工作是__________、__________、__________。

102.丈量基线边长应进行的三项改正计算是______、______、______。

103.闭合导线坐标计算过程中,闭合差的计算与调整有__________、__________。

104.观测水平角时,观测方向为两个方向时,其观测方法采用______测角,三个以上方向时采用__________测角。

105.一对双面水准尺的红、黑面的零点差应为______、______。

106.四等水准测量,采用双面水准尺时,每站有________个前、后视读数。

107.地面上有 A、B、C 三点,已知 AB 边的坐标方位角为 $35°23'$,又测得左夹角为 $89°34'$,则 CB 边的坐标方位角为____________。

108.设 A、B 两点的纵坐标分别为 500m、600m,则纵坐标增量 $\Delta x_{BA}=$______。

109.设有闭合导线 $ABCD$,算得纵坐标增量为 $\Delta x_{AB}=+100.00\text{m}$,$\Delta x_{CB}=-50.00\text{m}$,$\Delta x_{CD}=-100.03\text{m}$,$\Delta x_{AD}=+50.01\text{m}$,则纵坐标增量闭合差 $f_x=$______。

110.在同一幅图内,等高线密集表示________,等高线稀疏表示________,等高线平距相等表示________。

111.等高线是地面上________相等的________的连线。

112.在碎部测量中采用视距测量法,不论视线水平或倾斜,视距是从______到________的距离。

113.若已知某地形图上线段 AB 的长度是 3.5cm,而该长度代表实地水平距离为 17.5m,则该地形图的比例尺为________,比例尺精度为________。

114.圆曲线的测设元素是指________、________、________、________。

115.圆曲线的主点有________、________、________。

116.用切线支距法测设圆曲线一般是以________为坐标原点,以________为 x 轴,以________为 y 轴。

117.按路线前进方向,后一边延长线与前一边的水平夹角叫________,在延长线左侧的转角叫________角,在延长线右侧的转角叫________角。

118.路线上里程桩的加桩有________、________、________和________等。

119.测角组测定后视方向的视距,其目的是__________。

120.横断面测量是测定____________。

121.纵断面图地面线是根据__________和________绘制的。

122.已知后视 A 点高程为 H_A,A 尺读数为 a,前视点 B 尺读数为 b,其视线高为______,B 点高程等于________。

123.在施工测量中测设点的平面位置,根据地形条件和施工控制点的布设,可采用____________法、____________法、____________法和____________法。

四、计算题

1.用钢尺丈量一条直线,往测丈量的长度为 217.30m,返测为 217.38m,今规定其相对误差不应大于 1/2000。试问：

（1）此测量成果是否满足精度要求？

（2）按此规定，若丈量 100m，往返丈量最大可允许相差多少毫米？

2.在对 DS_3 型微倾水准仪进行 i 角检校时，先将水准仪安置在 A 和 B 两立尺点中间，使气泡严格居中，分别读得两尺读数为 $a_1=1.573$m，$b_1=1.415$m，然后将仪器搬到 A 尺附近，使气泡居中，读得 $a_2=1.834$m，$b_2=1.696$m。试问：

（1）正确高差是多少？

（2）水准管轴是否平行视准轴？

（3）若不平行，应如何校正？

3.如图 4-0-1 所示，在水准点 BM_1 至 BM_2 间进行水准测量，试在水准测量记录表中（表 4-0-1）。进行记录与计算，并做计算校核（已知 $BM_1=138.952$m，$BM_2=142.110$m）。

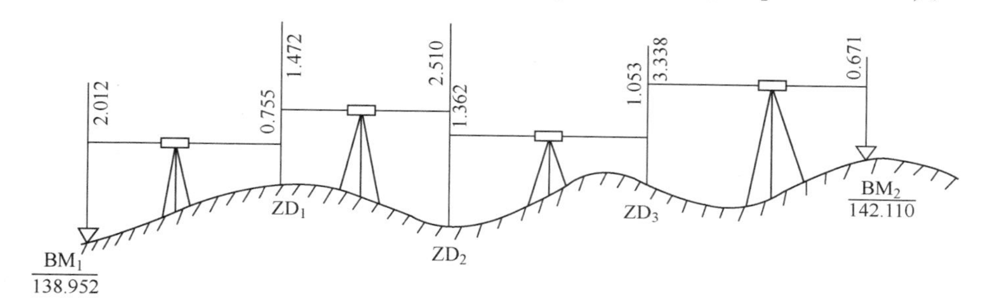

图 4-0-1

水准测量记录表

表 4-0-1

测点	后视读数(m)	前视读数(m)	高差(m)		高程(m)
			+	−	
Σ					

4.在水准点 BM_A 和 BM_B 之间进行水准测量，所测得的各测段的高差和水准路线长如图 4-0-2所示。已知 BM_A 的高程为 5.612m，BM_B 的高程为 5.400m。试将有关数据填在水准测量高差调整表中（表 4-0-2），最后计算水准点 1 和 2 的高程。

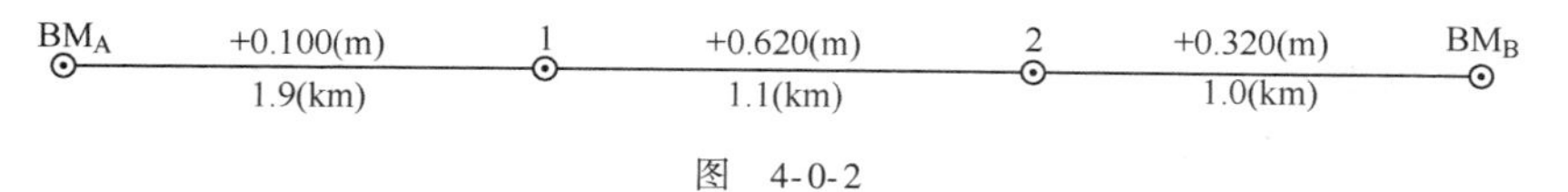

图 4-0-2

水准测量高程调整表

表 4-0-2

点号	路线长（km）	实测高差（m）	改正数（mm）	改正后高差（m）	高程（m）
BM_A					5.612
1					
2					
BM_B					5.400
Σ					

$H_B-H_A=$

$f_H=$

$f_{H允}=$

每公里改正数=

5.在 B 点上安置经纬仪观测 A 和 C 两个方向，盘左位置先照准 A 点，后照准 C 点，水平度盘的读数为 6°23′30″和 95°48′00″；盘右位置照准 C 点，后照准 A 点，水平度盘读数分别为 275°48′18″和 186°23′18″，试记录在测回法测角记录表中（表 4-0-3），并计算该测回角值是多少？

测回法测角记录表

表 4-0-3

测站	盘位	目标	水平度盘读数（°　′　″）	半测回角值（°　′　″）	一测回角值（°　′　″）	备注

6.某经纬仪竖盘注记形式如下所述，将它安置在测站点 O，瞄准目标 P，盘左时竖盘读数是 112°34′24″，盘右时竖盘读数是 247°22′48″。试求：

(1)目标 P 的竖直角。

(2)判断该仪器是否有指标差存在？是否需要校正？（竖盘盘左的注记形式：度盘顺时针刻划，物镜端为 0°，目镜端为 180°，指标指向 90°位置）

7.某台经纬仪的竖盘构造是：盘左位置当望远镜水平时，指标指在 90°，竖盘逆时针注记，物镜端为 0°。用这台经纬仪对一高目标 P 进行观测，测得其盘右的读数为 263°18′25″，试确定盘右的竖直角计算公式，并求出其盘右时的竖直角。

8.对某基线丈量六次，其结果为：L_1 = 246.535m，L_2 = 246.548m，L_3 = 246.520m，L_4 = 246.529m，L_5 = 246.550m，L_6 = 246.537m。试求：

（1）算术平均值。

（2）每次丈量结果的中误差。

（3）算术平均值的中误差和基线相对误差。

9.观测 BM_1 至 BM_2 间的高差时，共设 25 个测站，每测站观测高差中误差均为±3mm，试问：

（1）两水准点间高差中误差是多少？

（2）若使其高差中误差不大于±12mm，应设置几个测站？

10.在等精度观测条件下，对某三角形进行四次观测，其三内角之和分别为：179°59′59″，180°00′08″，179°59′56″，180°00′02″。试求：

（1）三角形内角和的观测中误差是多少？

（2）每个内角的观测中误差是多少？

11.某单三角锁基线边 *AB* 丈量结果如表 4-0-4 所示，试利用表 4-0-4 计算该基线的相对中误差 *K*？

表 4-0-4

序号	基线长度(m)	V	VV	计　　算
1	96.452			L= m= M= K=
2	96.454			
3	96.456			
4	96.450			
Σ				

12.某闭合导线，其横坐标增量总和为-0.35m，纵坐标增量总和为+0.46m，如果导线总长度为 1216.38m，试计算导线全长相对闭合差和边长每 100m 的坐标增量改正数？

13.已知四边形闭合导线内角的观测值如表 4-0-5 所示，试在表中计算：

（1）角度闭合差。

（2）改正后角度值。

（3）推算出各边的坐标方位角。

表 4-0-5

点号	角度观测值（右角） （°　′　″）	改正数 （°　′　″）	改正后角值 （°　′　″）	坐标方位角 （°　′　″）
1	112　15　23			123　10　21
2	67　14　12			
3	54　15　20			
4	126　15　25			
Σ				

$\Sigma\beta$=　　　　　　f_β=

14.在方向观测法的记录表中（表 4-0-6），完成其记录的计算工作。

方向观测法记录表

表 4-0-6

测站	测回数	目标	水平度盘读数		2C (″)	方向值 (° ′ ″)	归零方向值 (° ′ ″)	角 值 (° ′ ″)
			盘左 (° ′ ″)	盘右 (° ′ ″)				
M	1	A	00 01 06	180 01 24				
		B	69 20 30	249 20 24				
		C	124 51 24	304 51 30				
		A	00 01 12	180 01 18				

15.已知测站点高程 $H=81.34$m,仪器高 $i=1.42$m,各点视距测量记录如表 4-0-7 所示。试求出各地形点的平距及高程(竖直角计算公式为:$\alpha_{左}=90°-L$)。

表 4-0-7

点号	视距读数 (m)	中丝读数 (m)	盘左竖盘读数 (° ′)	竖角 (° ′)	平距 (m)	初算高差 (m)	$i-l$ (m)	高差 (m)	高程 (m)
1	53.6	2.71	87 51						
2	79.3	1.42	99 46						

16.已知某交点 JD 的桩号 K5+119.99,右角为 136°24′,半径 $R=300$m,试计算圆曲线元素和主点里程,并且叙述圆曲线主点的测设步骤。

17.某测量员在路线交点上安置仪器,测得前后视方向值为:盘左前视方向值为 42°18′24″,后视方向值为 174°36′18″,盘右前视方向值为 222°18′20″,后视方向值为 354°36′24″。试问:

(1)判断是左转角还是右转角?

(2)计算该交点的转角。

(3)若仪器不动,分角线方向的读数应是多少?

18.已知路线右角 $\beta_{右}=147°15′$,当 $R=100$m 时,曲线元素如表 4-0-8 所示。试求:

(1)路线的转向与转角。

(2)当 $R=50$m 和 $R=800$m 时的曲线元素。

(3)当 $R=800$m,JD 的里程为 K4+700、K4+90 时圆曲线的主点桩号?

表 4-0-8

R	100(m)	50(m)	800(m)	R	100(m)	50(m)	800(m)
T	29.384			E	4.228		
L	57.160			D	1.608		

19.某圆曲线 $R=50$m,主点桩号为 ZY:K2+427;QZ:K2+459;YZ:K2+491。试求:

(1)若桩距为 10m,用偏角法按整桩号法测设圆曲线的测设数据,并填写在表 4-0-10 中。

(2)绘示意图,并说明如何将各桩号点测设到地面上去?(表 4-0-9 是已知数据)

表 4-0-9

曲线长	1	2	3	4	5	6
偏角	34′23″	1°08′45″	1°43′08″	2°17′31″	2°51′53″	3°26′16″

续上表

曲线长	7	8	9	10	20	
偏角	4°00′39″	4° 35′01″	5°09′24″	5°43′46 ″	11° 27′33″	

注：曲线长的单位为 m，偏角单位：(°　′　″)。

偏 角 计 算 表

表 4-0-10

桩　　号	弧长 (m)	弦长 (m)	偏角 (°　′　″)	总偏角 (°　′　″)

20.按照图 4-0-3 所示的中平测量记录表中(表 4-0-11)的中桩点的高程。

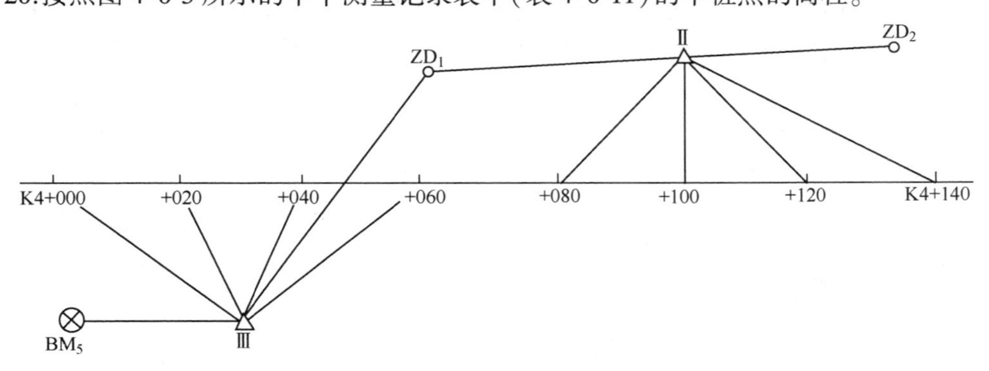

图　4-0-3

表 4-0-11

立尺点	水准尺读数			视线高（m）	高程（m）
	后视	中视	前视		
BM_5	2.047				101.293
K4+000		1.82			
+020		1.67			
+040		1.91			
+060		1.56			
ZD_1	1.734		1.012		
+080		1.43			
+010		1.77			
+120		1.59			
K4+140		1.78			
ZD_2			1.650		

21.已知某点所在高斯平面直角坐标系中的坐标为：$x=4345000\text{m}$，$y=19483000\text{m}$。问该点位于高斯六度分带投影的第几带？该带中央子午线的经度是多少？该点位于中央子午线的东侧还是西侧？

22.某地区采用独立的假定高程系统，已测得 A、B、C 三点的假定高程为：$H'_A=+6.500\text{m}$，$H'_B=\pm0.000\text{m}$，$H'_C=-3.254\text{m}$。今由国家水准点引测，求得 A 点高程为 $H_A=417.504\text{m}$，试计算 B、C 点的绝对高程。

23.已知 A 点高程 $H_A=100.905\text{m}$，现从 A 点起进行 A—1—2 的往返水准测量。往测高差分别为 $h_{A1}=+0.905\text{m}$，$h_{12}=-1.235\text{m}$；返测高差 $h_{21}=+1.245\text{m}$，$h_{1A}=-0.900\text{m}$，试求 1、2 两点的高程。

24.从地形图上量得 A、B 两点的坐标和高程如下：

$x_A=1237.52\text{m}$，$y_A=976.03\text{m}$，$H_A=163.574\text{m}$

$x_B=1176.02\text{m}$，$y_B=1017.35\text{m}$，$H_B=159.634\text{m}$

试求：(1) AB 水平距离；(2) AB 边的坐标方位角；(3) AB 直线坡度。

25.如表 4-0-12 所示，对某距离丈量六次，丈量值分别为 29.487m，29.469m，29.473m，29.482m，29.475m，29.463m。计算一次丈量的中误差和最或是值的相对中误差。

表 4-0-12

丈量次数	丈量结果（m）	V（mm）	VV（mm）	计算公式及结果
1 2 3	56.565 56.570 56.575			最或是值 $X=$ 观测值中误差 $m=$ 最或是值中误差 $M=$ 丈量相对中误差 $K=$
Σ				

26.如图 4-0-4 所示，已知 $x_A=223.456\text{m}$，$y_A=234.567\text{m}$，$x_B=154.147\text{m}$，$y_B=274.567\text{m}$，$\beta_1=254°$，$D_1=90\text{m}$，$\beta_2=70°08'56''$，$D_2=96.387\text{m}$。试求 P 点的坐标（x_P，y_P）。

27.完成表 4-0-13 的中平测量计算。

表 4-0-13

立尺点	水准尺读数(m)			视线高(m)	高程(m)
	后视	中视	前视		
BM_1	2.047			101.293	
K4+000		1.82			
K4+020		1.67			
K4+040		1.91			
K4+060		1.56			
ZD_1	1.734		1.012		

28.已知某钢尺的尺长方程式为：

$$l=30-0.0035+1.2\times10^{-5}\times30(t-20) \qquad (\text{m})$$

用它测设 22.500m 的水平距离 AB。若测设时温度为 25℃，施测时所用拉力与检定钢尺时的拉力相同，测得 A、B 两桩点的高差 $h=-0.60\text{m}$，试计算测设时地面上需要量出的长度。

29.设用一般方法测设出 $\angle ABC$ 后，精确地测得 $\angle ABC$ 为 $45°00'24''$（设计值为 $45°00'24''$），BC 长度为 120m，问怎样移动 C 点才能使 $\angle ABC$ 等于设计值？请绘略图表示。

30.已知水准点 A 的高程 $H_A=20.355\text{m}$，若在 B 点处墙面上测设出高程分别为 21.000m 和 23.000m 的位置，设在 A、B 中间安置水准仪，后视 A 点水准尺得读数 $\alpha=1.452\text{m}$，问怎样测设才能在 B 处墙面上得到设计标高？请绘一略图表示。

31.如图 4-0-5 所示，A、B 为控制点，已知：$x_B=643.82\text{m}$，$y_B=677.11\text{m}$，$D_{AB}=87.67\text{m}$，$\alpha_{BA}=156°31'20''$，待测设点 P 的坐标为 $x_P=535.22\text{m}$，$y_P=701.78\text{m}$。

若采用极坐标法测设 P 点，试计算测设数据，简述测设过程，并绘注测设示意图。

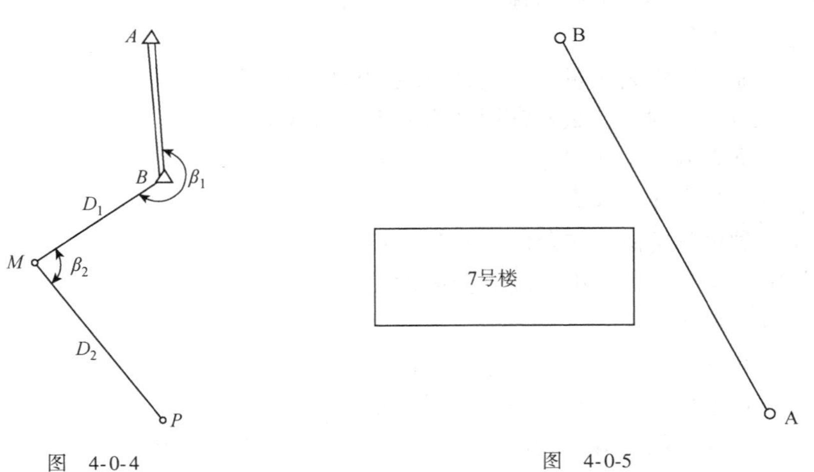

图 4-0-4　　　　图 4-0-5

32.如图 4-0-6 所示,已知地面水准点 A 的高程为 $H_A = 4000\text{m}$,若在基坑内 B 点测设 $H_B = 30.000\text{m}$,测设时 $a = 1.415\text{m}$, $b = 11.365\text{m}$, $a_1 = 1.205$。问当 b_1 为多少时,其尺底即为设计高程 H_B?

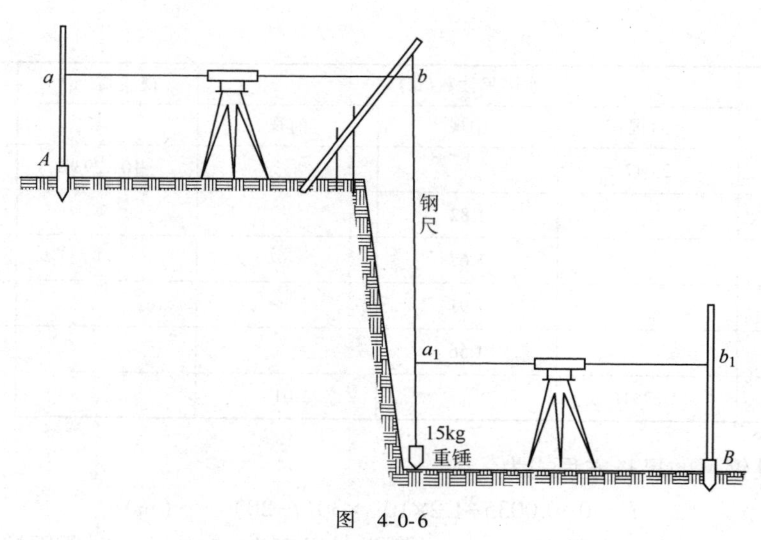

图 4-0-6

五、问答题

1.地面上一点的空间位置在测量工作中是怎样表示的?

2.何谓绝对高程、相对高程、高差?

3.试述测量工作平面直角坐标系与教学计算中平面直角坐标系的不同点。

4.普通测量学的任务是什么?

5.何谓水准面?

6.水平面与水准面有何区别?

7.确定地面点位要做哪些基本测量工作?

8.在测量中,采取哪些措施来保证测量成果的正确性?

9.何谓正、反方位角?

10.为了保证一般距离丈量的境地,应注意哪些事项?

11.直线定向的目的是什么?常用什么来表示直线方向?

12.距离丈量有哪些主要误差来源?

13.直线定向与直线定线有何区别?

14.试述罗盘仪测定磁方位角的主要操作步骤。

15.钢尺的名义长度与标准长度有何区别?

16.何谓直线定线?

17.何谓水准仪的视准轴误差?怎样检校?

18.何谓高差闭合差?怎样调整高差闭合差?

19.绘图说明水准仪用脚螺旋使圆水准管气泡居中的操作步骤。

20.影响水准测量成果的主要因素有哪些?如何减少或消除?

21.水准测量中转点应如何选择？
22.绘图说明水准测量的基本原理。
23.视差产生的原因是什么？如何消除？
24.试述在一测站上测定两点高差的观测步骤。
25.如何进行圆水准器轴平行于竖轴的检校？
26.为什么观测时要把水准仪安置在距两尺基本等远处？
27.试述用测回法观测水平角的观测程序。
28.指标差怎样检校？
29.简述在一个测站上观测竖直角的方法和步骤。
30.水平角观测时应注意哪些事项？
31.竖角测量中指标差是指什么？
32.什么叫水平角？
33.经纬仪上有几对制动、微动螺旋？各起什么作用？如何正确使用？
34.对中和整平的目的是什么？试述仅有一个水准管的经纬仪的整平操作方法。
35.什么是竖直角？
36.何谓系统误差、偶然误差？两者有何区别？
37.试述中误差、容许误差、相对误差的含义与区别。
38.举例说明如何消除或减小仪器的系统误差。
39.偶然误差具有什么特征？
40.等精度观测中为什么说算术平均值是最可靠的值？
41.从算术平均值中误差(M)的公式中,使我们在提高测量精度上能得到什么启示？
42.什么叫观测误差？产生观测误差的原因有哪些？
43.观测值函数的中误差与观测值中误差存在什么关系？
44.闭合导线的内业计算有几步？有哪些闭合差？
45.何谓基线闭合差、归零差、测回差、$2C$ 互差？
46.绘图简述四个方向的方向观测方法。
47.什么叫多余观测？为什么要进行多余观测？
48.简述四等水准测量(双面尺)一个测站的观测程序。
49.导线布置的形式有哪几种？
50.为敷设经纬仪导线,在选点时应考虑哪些问题？
51.经纬仪导线测量中,应直接观测哪些元素？
52.试述高等线的性质。
53.何谓坡度？在地形图上怎样确定两点间的坡度？
54.何谓地形图及地形图比例尺？
55.什么是比例尺的精度？
56.表示地物的符号有哪几种？举例说明。
57.什么是等高线、等高距？等高线有哪几种？
58.试述经纬仪测绘法测绘地形图的操作步骤。

59.等高线有什么特性？
60.何谓转角、转点、桩距、里程桩、地物加桩？
61.试述切线支距法测设圆曲线的方法和步骤。
62.绘图简述偏角法测设圆曲线的操作步骤。
63.试述正倒镜分中延长直线的操作方法。
64.中线里程桩的桩号和编号各指什么？在中线的哪些地方应设置中桩？
65.公路中线测量的任务是什么？
66.试推导出圆曲线主点元素的计算公式。
67.路线纵断面测量有哪些内容？
68.横断面施测方法有哪几种？
69.中平测量与一般水准测量有何不同？中平测量的中丝读数与前视读数有何区别？
70.横断面测量的任务是什么？
71.施工测量遵循的基本原则是什么？
72.测设的基本工作有哪些？
73.测设点的平面位置有哪些方法？
74.简述精密测设水平角的方法、步骤。
75.用经纬仪测角时为什么要用盘左盘右取平均值的方法？

参考文献

[1] 曹智翔,邓明镜,等.交通土建工程测量[M].3版.成都:西南交通大学出版社,2014.

[2] 刘国栋,邓明镜,徐金鸿,等.测量实验指导书[M].重庆:重庆大学出版社,2010.

[3] 曹智翔,刘煜,邓明镜,等.《工程测量》实验指导与习题集[M].重庆交通大学内部教材,2007.

[4] 邓明镜.工程测量学实验指导[M].重庆交通大学内部教材,2009.

[5] 武汉测绘科技大学《测量学》编写组.测量学[M].3版.北京:测绘出版社,2000.